役にたつ化学シリーズ
村橋俊一・戸嶋直樹・安保正一 編集

⑨ 地球環境の化学

村橋　俊一
御園生　誠 [編]

梶井　克純
小西　康裕
吉田　弘之
綿野　哲
秋山　友宏
岡崎　正規
豊田　剛己
北野　大
増田　優
小林　修
伊藤　暢厚
松岡　雅也
安保　正一 [著]

朝倉書店

役にたつ化学シリーズ ■編集委員

村 橋 俊 一	岡山理科大学，大阪大学名誉教授	
戸 嶋 直 樹	山口東京理科大学基礎工学部素材基礎工学科	
安 保 正 一	大阪府立大学大学院工学研究科応用化学分野	

9 地球環境の化学 ■編集者・執筆者

＊村 橋 俊 一	岡山理科大学，大阪大学名誉教授	
＊御 園 生 誠	独立行政法人 製品評価技術基盤機構	
梶 井 克 純	首都大学東京都市環境学部・都市環境学科	[1章]
小 西 康 裕	大阪府立大学大学院工学研究科・物質系専攻	[2.1節]
吉 田 弘 之	大阪府立大学大学院工学研究科・物質系専攻	[2.2節]
綿 野 哲	大阪府立大学大学院工学研究科・物質系専攻	[2.3節]
秋 山 友 宏	北海道大学エネルギー変換マテリアル研究センター	[2.4節]
岡 崎 正 規	東京農工大学大学院・生物システム応用科学研究科	[3.1,3.2節]
豊 田 剛 己	東京農工大学大学院・生物システム応用科学研究科	[3.3,3.4節]
北 野 大	淑徳大学国際コミュニケーション学部・経営環境学科	[4章]
増 田 優	お茶の水女子大学ライフワールド・ウォッチセンター	[5章]
小 林 修	東京大学大学院薬学研究科・分子薬学専攻	[6章]
伊 藤 暢 厚	社団法人 プラスチック処理促進協会	[7章]
松 岡 雅 也	大阪府立大学大学院工学研究科・物質系専攻	[8章]
安 保 正 一	大阪府立大学大学院工学研究科・物質系専攻	[8章]

執筆順．[ ]内は担当章・節．＊印は本巻の編集担当

役にたつ化学シリーズ　9　地球環境の化学

はじめに

　本書は大学の理学部，工学部，薬学部，農学部，および工業高等専門学校の学生諸君に，環境問題に対する適確な判断と評価能力を身につけてもらう「環境化学」の基礎知識を授けるための教科書である．環境問題を批判的に捉えるのではなく，問題を科学的にしっかりと把握し，最善の解決方法を考え，建設的に対応する基礎力をつけるとともに，社会に貢献し，日本の活力を生み出す人材を育成したいと考えて編纂されている．

　「環境化学」とは人間活動が生むさまざまな環境問題に立ち向かうサイエンスで対象は広いが，どのような学問かの定義はまだない．しかし人間が生きていくうえで最も大切な学問になりつつあることはたしかである．
　本書の第1章から第3章までは地球の環境の問題について化学現象の営みを理解し，現在何が起こっているのか，また未来はどのようになるのかについて解説する．第1章では大気圏についてオゾン層，地球温暖化，オキシダントの課題を中心に述べる．第2章では水資源，水の浄化を中心に水圏について述べる．第3章では土壌の環境汚染および食料生産と農薬を中心に土壌圏について述べる．第4章では生物圏について自然環境を生態系と捉え，主として化学物質による生態系への影響をどう科学的に評価してゆくかについて概説する．第5章では人間生活の基本である衣食住を構成する化学物質を適正に取り扱うための社会の仕組みとして，法律の体系と化学物質を管理する社会の取り組みについて概説する．第6章では化学プロセス全体，化学製品の全ライフサイクルにおける環境への負荷を最小にするように，設計段階から使用，廃棄までを考えてものつくりを行おうとするグリーンケミストリーの考え方を概説する．グリーンケミストリーは真に調和のある未来社会を開く鍵である．第7章ではリサイクルにより資源の消費が抑制され，環境への負荷が少ない循環型社会を構築することができるが，これについてプラスチック廃棄物のリサイクルなどを取り上げて概説する．持続可能な発展を実現するうえで重要課題の一つが，廃棄物の産出を抑制 (reduce) し，排出された廃棄物を再使用 (reuse) することである．第8章ではエネルギーの資源と消費について，将来のエネルギー問題のあるべき姿とこれに対する化学的アプローチを環境化学の立場から総合的に概説する．

　豊かな社会を求めて「成果」あるいは「効率」を求めてきた人間社会はいったん立ち止まり，周囲への汚染や地球環境への負荷，あるいは生物や人体の健康への悪影響に配慮しながら新しい産業，社会体制を作り上げようとする方向に流れが大きく変わりつつある．わが国は環境問題で色々な過ちを経験してきたが，いち早くこれに気づき，それぞれの課題に対応する新しい科学

技術を構築してきた．環境問題は企業の経営においても重要な課題になりつつある．日本は持続可能な社会を構築するための革新的な科学技術（サステイナブル・テクノロジー）（ST）を世界に先駆けて開拓し，世界のリーダーシップを発揮しなければならない．

若い学生諸君には，今後取り組んでいただきたいやりがいのあるテーマが山積している．本書は学生諸君のみならず社会人の方々にも役立てていただけるものと確信している．

本書の出版にあたり，多大なご協力をいただいた朝倉書店編集部の方々に深謝する．

2005 年 2 月

編集担当
村 橋 俊 一
御 園 生 　 誠

役にたつ化学シリーズ　9　地球環境の化学

目　次

■ 1　地球大気環境問題 ■

1.1　成層圏オゾン ……………………………………………………………………………… 1
　　　　　　a．大気の構造　　1
　　　　　　b．オゾン層の生成機構　　2
　　　　　　c．オゾンホール　　5
　　　　　　d．成層圏オゾンの現状と将来　　6
1.2　地球温暖化 ………………………………………………………………………………… 8
　　　　　　a．太陽放射と温室効果　　8
　　　　　　b．温室効果気体の増加と気候変動　　8
　　　　　　c．二酸化炭素濃度の将来予測　　10
1.3　オキシダント増加 ………………………………………………………………………… 12
　　　　　　a．光化学オキシダント　　12
　　　　　　b．対流圏オゾンに関わる反応　　13
　　　　　　c．都市における大気反応　　15
　　　　　　d．オゾンと前駆物質の関係　　16

■ 2　水圏の環境 ■

2.1　水　資　源 ………………………………………………………………………………… 20
　　　　　　a．地球上の水　　20
　　　　　　b．日本の水資源　　21
　　　　　　c．新しい水資源　　23
2.2　水　の　浄　化 …………………………………………………………………………… 24
　　　　　　a．水質環境の基準　　25
　　　　　　b．水の自然浄化現象　　26
　　　　　　c．水の浄化技術　　27
2.3　湖沼・湿地・河川・地下水 ……………………………………………………………… 29
　　　　　　a．湖　　沼　　29
　　　　　　b．湿　　地　　30
　　　　　　c．河　　川　　30
　　　　　　d．地　下　水　　31

2.4 水圏と地球温暖化 …………………………………………………………… 32
        a．温室効果の開始　*32*
        b．温室効果と水循環　*32*

■ 3 土壌圏の環境 ■

3.1 土壌圏の環境と汚染 ………………………………………………………… 35
        a．土壌圏とは　*35*
        b．土壌圏の汚染　*35*
        c．土壌圏汚染の修復　*38*

3.2 食糧と肥料 …………………………………………………………………… 39
        a．食糧生産と地球規模の元素循環　*39*
        b．食糧生産と施肥　*40*
        c．施 肥 基 準　*42*

3.3 食糧生産と農薬 ……………………………………………………………… 43
        a．農薬の経済的効果　*43*
        b．殺 虫 剤　*44*
        c．殺 菌 剤　*45*
        d．除 草 剤　*46*
        e．微生物農薬　*47*
        f．フェロモン　*48*

3.4 農薬の行方と安全性 ………………………………………………………… 48
        a．農薬の行方　*48*
        b．農薬の毒性　*49*
        c．農薬の生態系への影響　*50*
        d．今後の農薬　*51*
        e．農薬のリスク管理　*51*

■ 4 生物圏の環境 ■

4.1 環境分析と精度管理 ………………………………………………………… 52
        a．生物モニタリングと化学分析　*52*
        b．環境分析の実施　*53*
        c．データの信頼性確保　*53*
        d．データの解釈　*55*

4.2 化学物質のヒトの健康への影響 …………………………………………… 57
        a．毒性試験の概要　*57*
        b．ヒトに対する安全性　*59*
        c．動物実験に対する批判と対策　*59*

4.3 化学物質の環境生物への影響 …………………………………………………………61
    a．環境分布の計算　*61*
    b．環境内運命の把握　*61*
    c．生態毒性試験の実施　*62*
4.4 ダイオキシン類 ……………………………………………………………………………63
    a．発　生　源　*63*
    b．汚染および被害の歴史　*63*
    c．ダイオキシン類の毒性の表示　*63*
    d．耐容１日摂取量（TDI）の求め方　*64*
4.5 外因性内分泌撹乱物質（環境ホルモン）………………………………………………64
    a．生物機能への影響　*64*
    b．ヒトや野生生物への影響の例　*65*
4.6 化学物質のリスクアセスメント …………………………………………………………65
    a．リスクアセスメント　*65*
    b．フタル酸ジ(2-エチルヘキシル)のリスクアセスメント　*66*
    c．リスクアセスメントの実際　*66*

■ 5 化学物質総合管理 ■

5.1 化学物質管理の社会的仕組み ……………………………………………………………71
    a．化学物質の取扱い方の規範　*71*
    b．国際機関の化学物質管理活動　*72*
    c．化学物質管理の国際行動計画　*74*
5.2 化学物質総合管理の基本的考え方と方法 ………………………………………………77
    a．リスク評価　*77*
    b．リスク管理　*79*
5.3 化学物質総合管理を支える法律体系 ……………………………………………………81
    a．化学物質審査規制法　*81*
    b．化学物質管理促進法　*83*

■ 6 グリーンケミストリー ■

6.1 グリーンケミストリーとは何か …………………………………………………………85
    a．化学の栄光と陰　*85*
    b．人間中心から人間と環境の調和への転換　*85*
    c．人間や環境の共存　*86*
6.2 グリーンケミストリーの基本的な考え方 ………………………………………………87
6.3 グリーンケミストリーの根幹をなす入口処理とアトム・エコノミー ………………88
    a．廃棄物の入口処理　*88*
    b．原料を無駄にしない合成　*88*

6.4 化学合成に関するグリーンケミストリー……………………………………………91
  a. 化学反応の設計　*91*
  b. 目的物質の設計　*92*
  c. 反応補助物質　*92*
  d. エネルギー消費の最小化　*94*
  e. 再生可能な資源の利用　*95*
  f. 反応分子の修飾　*96*
  g. 触媒の使用　*98*

6.5 化学製品および化学事故とグリーンケミストリー………………………………98
  a. 化学製品と環境　*98*
  b. 化学事故の防止　*99*

■ 7 廃棄物とリサイクル ■

7.1 廃棄物の処理・処分の状況と課題 ………………………………………………101
7.2 循環型社会形成のための法体系 …………………………………………………103
7.3 プラスチック廃棄物 ………………………………………………………………104
7.4 プラスチック廃棄物のリサイクル技術 …………………………………………106
  a. 材料（マテリアル）リサイクル　*107*
  b. 原料リサイクル（ケミカルリサイクル）　*108*
  c. サーマルリサイクル　*111*
7.5 生分解性プラスチック ……………………………………………………………113
7.6 リサイクル技術の選択 ……………………………………………………………114

■ 8 エネルギーと社会 ■

8.1 化石エネルギー ……………………………………………………………………117
  a. エネルギーの資源と消費　*117*
  b. 天然ガス・石炭の有効利用　*119*
8.2 環境に優しいクリーンなエネルギー ……………………………………………120
  a. 太陽光エネルギー　*121*
  b. 風力エネルギー　*125*
  c. 水力エネルギー　*126*
  d. 地熱エネルギー　*126*
  e. バイオマスエネルギー　*127*
8.3 水素エネルギーと燃料電池 ………………………………………………………128
  a. 水素エネルギー　*128*
  b. 燃料電池の作用機構　*129*
  c. 燃料電池の種類　*132*

　　　　　　　　d. 燃料電池を用いたコジェネレーションシステム　*133*

8.4　京都議定書：地球温暖化防止への国際的取組み …………………………… *133*

付録：環境関係の資格リスト ………………………………………………………… *136*

索　　引 ……………………………………………………………………………… *140*

地球大気環境問題　1

　産業革命以来人間活動が活性化する中で，人類は環境に大きな負荷をかけてきた．人間活動による大気の環境変動については，オゾン層の減少，温室効果気体による気候変動，大気の酸性化，対流圏におけるオキシダント増加といった現象が顕在化しつつあり，大きな社会問題となっている．これらの現象は単独に起きるのではなく，物質の化学反応過程を通して複雑に相互作用している．

　本章では，人間活動の結果生じてきた問題を環境問題として捉え，成層圏オゾン層，地球温暖化，およびオキシダント増加の諸問題について解説する．

1.1　成層圏オゾン

a．大気の構造

　地球大気を垂直にみると，温度構造によりいくつかの階層に区分できる．すなわち，地表から約 15 km（これは緯度や季節により多少変動する）に存在する対流圏とその上部で地表から約 50 km までに存在する成層圏，さらにその上部に存在する中間圏およびその上部の熱圏に分類される．

　大気の最下層の対流圏では，高度の上昇に伴い大気温度が下降し，通常の大気では 100 m の上昇で約 0.6°C 温度が低下する（湿潤断熱減率とよばれている）．そのため，この層では太陽エネルギーによる地表の加熱により熱対流が起こり，上部まで物質の循環が活発に起こる．

　一方，対流圏の上部に位置する成層圏では，逆に高度の上昇により大気温が上昇する．ここでは密度の低い空気の方が高層にあることから熱的に安定であり，物質の循環が著しく遅くなる（成層構造）．この成層構造は後に述べるように成層圏に存在するオゾン層によりもたらされている．人間活動により大気中に放出された化学物質はまず対流圏で混合され，さまざまな化学反応を引き起こすが，それらのうち安定で大気寿命の長い化学物質は成層圏まで運ばれ，固有の化学反応を引き起こす．

湿潤断熱減率
気体は断熱膨張することにより温度が低下する．すなわち鉛直方向に上昇することにより空気の温度が低下することは空気の断熱膨張として理解できる．乾燥空気の場合 100 m 上昇するごとに気温は 1°C 低下し，この比率を乾燥断熱減率（Γ_D）とよぶ．一方湿潤空気の場合は湿潤断熱減率（Γ_m）および 100 m あたり 0.6°C となる．これらは空気の安定性を議論する場合に重要な指標となる．

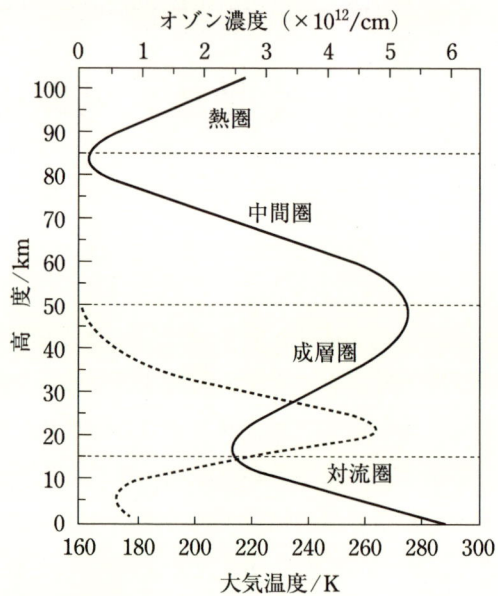

図 1.1 地球大気の温度構造（実線）とオゾン層（点線）

b．オゾン層の生成機構

オゾン（O_3）の生成機構は1930年代にChapmanにより提唱された．式(1.1)および(1.2)がオゾンの生成にかかわる反応であり，式(1.3)および(1.4)が消滅にかかわる反応である．

$$O_2 + h\nu \longrightarrow 2O \quad : J_1 \tag{1.1}$$

$$O + O_2 + m \longrightarrow O_3 + m : k_2 \tag{1.2}$$

$$O_3 + h\nu \longrightarrow O_2 + O : J_3 \tag{1.3}$$

$$O_3 + O \longrightarrow 2O_2 \quad : k_4 \tag{1.4}$$

ここで，$h\nu$ は光エネルギー，式(1.1)，(1.3)の J_1 および J_3 は光分解定数である．式(1.2)における m は第3体（third body）とよばれ，結合反応で生じた余剰なエネルギーを奪い生成物を安定化するために必要である．具体的には窒素や酸素といった空気分子がこれにあたる．式(1.2)，(1.3)の反応は大きな発熱反応である．反応式(1.3)と(1.4)は一見無意味な反応に見えるが，オゾンが太陽光を吸収することにより光エネルギーを熱に変換していることになる．この結果成層圏での特徴的な温度構造が現れる．成層圏オゾンは生物に有害な紫外線 UV-B を除去するフィルターの役割を果たすのに加えて，成層圏の大気を暖め，成層構造を保持するためにも重要なのである．酸素原子およびオゾンが光化学平衡状態にある場合は下式によりオゾン濃度を見積もることができる．

$$[O_3] = [O_2]\sqrt{\frac{J_1 k_2}{J_3 k_4}[m]} \tag{1.5}$$

オゾン（O_3）
酸素原子3個からなる独特の臭気をもつ気体で，強い酸化力とそれに起因する高い毒性をもつ．紫外線を強く吸収するほか，わずかながら赤い光も吸収することから，微青色の気体である．

太陽紫外線
太陽から放射される紫外線を波長帯ごとに分類して400〜320 nm を UV-A，320〜280 nm を UV-B，280〜190 nm を UV-C とよぶ．UV-A は皮膚に照射されると色素沈着などを引き起す．UV-B は DNA 破壊や免疫力低下を引き起すことから有害紫外線ともよばれている．UV-C は酸素による吸収を受けるので地表に到達しない．

高度別のオゾン濃度を式によって見積もると，酸素分子の切断を可能にするために必要なエネルギーの高い紫外線（$\lambda < 245\,\mathrm{nm}$ であり J_1 の大きさを反映する）が豊富なのはより高度が高いところであるが，空気や酸素の密度が大きいところはより低い高度となることから，ある高度にオゾン濃度の極大が現れる．Chapman の提唱したモデル（化学反応にかかわる物質がすべて酸素であることから純酸素モデルとよばれる）により見積もられるオゾン濃度と実測との比較を，図1.2 に示す．

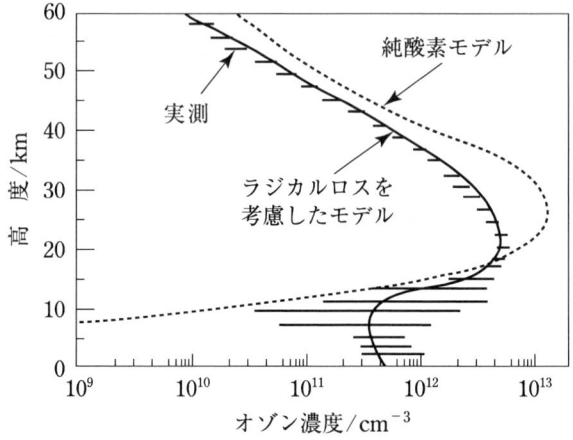

図 1.2 モデルおよび実測によるオゾン濃度の高度分布

モデルではオゾン層の濃度は高度が高いところでかなり過大評価され，一方，対流圏（高度が 0〜10 km）では逆にモデルによるオゾン濃度がゼロとなり実測と大きく異なる．低い高度でのくい違いは物質の輸送過程を考慮することにより改善される．高度の高いところでは，式 (1.3) および (1.4) による消失過程だけでは不十分であることを示している．実際のオゾン層の濃度を説明するためにはラジカル化学種による消失のプロセスを入れる必要があり，ClO_x，NO_x，HO_x のサイクルも重要であることが明らかとなってきた．

ClO_x サイクル

$$\mathrm{Cl} + \mathrm{O}_3 \longrightarrow \mathrm{ClO} + \mathrm{O}_2 \tag{1.6}$$

$$\mathrm{ClO} + \mathrm{O} \longrightarrow \mathrm{Cl} + \mathrm{O}_2 \tag{1.7}$$

$$\overline{\mathrm{O}_3 + \mathrm{O} \longrightarrow 2\,\mathrm{O}_2} \tag{1.8}$$

たとえば，式 (1.6) で示されるように ClO_x サイクルでは Cl 原子がオゾンと反応し ClO となり，式 (1.7) のように ClO が近くに存在する酸素原子と反応し再び Cl 原子が再生される．このサイクルが 1 回まわれば 1 分子のオゾンが破壊されることになる．

オゾン破壊サイクル

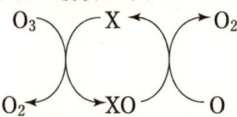

ここで X は Cl, NO および OH である．X が酸化され XO となり再び X が再生されるサイクルが 1 回まわるごとに 1 分子のオゾンが破壊されて酸素分子に変換される．このサイクルが一度まわりだすと数百から数千回まわって止まると考えられている．

NOx サイクル

$$\mathrm{NO} + \mathrm{O}_3 \longrightarrow \mathrm{NO}_2 + \mathrm{O}_2 \tag{1.9}$$

$$\mathrm{NO}_2 + \mathrm{O} \longrightarrow \mathrm{NO} + \mathrm{O}_2 \tag{1.10}$$

$$\mathrm{O}_3 + \mathrm{O} \longrightarrow 2\,\mathrm{O}_2 \tag{1.8}$$

HOx サイクル

$$\mathrm{OH} + \mathrm{O}_3 \longrightarrow \mathrm{HO}_2 + \mathrm{O}_2 \tag{1.11}$$

$$\mathrm{HO}_2 + \mathrm{O} \longrightarrow \mathrm{OH} + \mathrm{O}_2 \tag{1.12}$$

$$\mathrm{O}_3 + \mathrm{O} \longrightarrow 2\,\mathrm{O}_2 \tag{1.8}$$

これらのオゾン破壊サイクルを通してオゾン濃度は減少する．これらのラジカルによるオゾンの破壊効果を考慮に入れると，図に示したとおり観測結果をよく再現できることがわかる．これらの破壊サイクルの原因物質である ClO, NO や OH は，オゾンに比べて 4～6 桁も低濃度であるにもかかわらず成層圏のオゾン濃度を半減させていることになる．これらの連鎖サイクルは無限ではなく，ターミネーションとよばれる反応，たとえば

$$\mathrm{Cl} + \mathrm{CH}_4 \longrightarrow \mathrm{HCl} + \mathrm{CH}_3 \tag{1.13}$$

$$\mathrm{ClO} + \mathrm{NO}_2 \longrightarrow \mathrm{ClONO}_2 \tag{1.14}$$

などの反応を通して破壊サイクルは停止される．ここで生成した塩化水素 (HCl) や硝酸塩素 (ClONO$_2$) はやがて対流圏に運ばれて地表に沈着することになる．

次にオゾン破壊の原因物質の成層圏への流入過程について考える．塩素やフッ素を含む有機化合物（おもにクロロフルオロカーボン，CFC）は OH ラジカルとの反応性がきわめて低いため対流圏では除去されず，一部成層圏まで輸送される．そこでエネルギーの高い紫外線照射により光分解が起こり，成層圏に Cl や F を供給することになると考えられている．NOx サイクルで重要な NO は中間圏からの沈降，上部対流圏での雷放電による生成（窒素と酸素の反応のほか），航空機の排ガスにも含まれている．また地表で発生した NOx が一部輸送されたり，地表から発生した N$_2$O が成層圏に到達し光分解し NO となる場合もある．OH についてはその前駆体物質である水蒸気が重要である．

$$\mathrm{O}_3 + h\nu \longrightarrow \mathrm{O}_2 + \mathrm{O}(^1\mathrm{D}) \tag{1.3}$$

$$\mathrm{O}(^1\mathrm{D}) + \mathrm{H}_2\mathrm{O} \longrightarrow 2\,\mathrm{OH} \tag{1.15}$$

波長 310 nm 以下の太陽紫外線によりオゾンは光分解し，電子励起した酸素原子 O(^{1}D) が生成する（式 1.3）．成層圏は非常に低温なので元来水蒸気濃度は低いが，航空機などの排ガスや対流圏からの輸送によ

CFC の命名法

CFC-113 などが実際どんな化合物を示すかは，3 桁の数字 xyz が鍵となる．x は炭素の数マイナス 1 である．ゼロのときは省略する．y は水素の数プラス 1 である．z はフッ素の数である．たとえば CFC-12 は CCl$_2$F$_2$ をさすことになる．

り水蒸気が運ばれて励起酸素原子O(^{1}D)との反応によりOHラジカルが生成する．これらの過程がおもなラジカルの発生源となっていると考えられている．

c．オゾンホール

南極のオゾンホールは気象研究所の忠鉢繁博士により1982年に世界で初めて発見された．南極が春を迎える頃に著しく成層圏オゾン濃度が低下する現象である．図1.3 (a) は南極におけるオゾンホール出現以前の平均（点線）およびオゾンホール発生時（実線）のオゾン濃度の鉛直分布を示す．(b) は北極域における最近の平均（点線）とオゾンホール時（実線）の鉛直分布である．

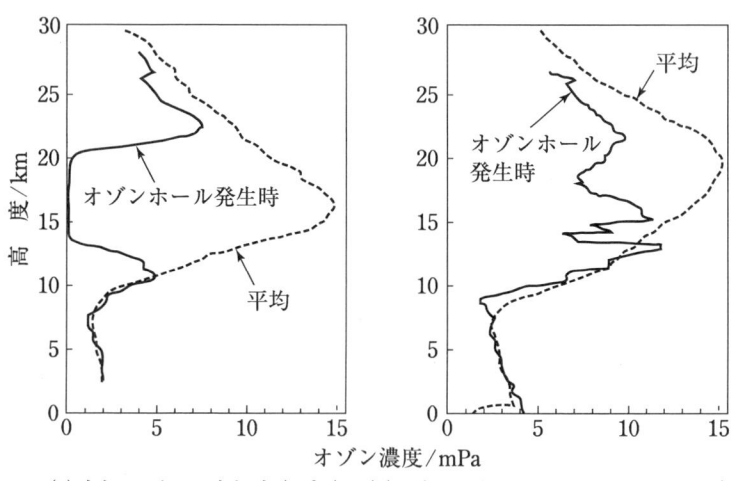

(a) 南極オゾン：南極点(90°S)　(b) 北極オゾン：Sodankyla, Finland (67°N)

図 1.3　極域におけるオゾン濃度の高度分布

南極では，オゾンホールが生じるときには成層圏のオゾンがほとんど消失していることがわかる．オゾンホールが発生するためには，いくつかの要因が重ならなければならない．まず極域で極渦が発達することが重要である．これは人間活動とは関係がなく昔から起こっている自然現象である．

次に極域が非常に低温 ($T<-78$°C) になり，極域成層圏雲 (polar stratospheric cloud；PSC) という硝酸を含んだ氷の粒ができることが鍵となる．極渦ができるとその渦の外側と内側で物質の移動がなくなり極渦の内側が孤立した状態になる．そのような状況の中で，PSC表面上でClONO$_2$やHClといったClOxサイクルとは直接関係のない比較的安定な化学物質が不均一反応を起し，次々にCl$_2$やHOClといった化学物質へ変換され蓄積されていく．

$$ClONO_2 + H_2O \longrightarrow HOCl + HNO_3 \qquad (1.16)$$

$$HCl + ClONO_2 \longrightarrow Cl_2 + HNO_3 \qquad (1.17)$$

極渦

冬から春にかけて極域の成層圏では低気圧となり，極を中心とした渦を巻くような大気の運動が活発となる．これが極渦とよばれている現象である．南極は滑らかな地形であることから北極より大きく顕著な渦が発達する．渦の内側では大気の運動が比較的遅いので，物質循環ということでは孤立することになる．

極域成層圏雲(PSC)

高度20～30 kmに現れる極域固有の雲であり，大気が-78°C以下になると硝酸1水和物(NAM)，硝酸2水和物(NAD)および硝酸3水和物(NAT)が氷り，凝結核となって成長する雲のことである．日出前や日没後に真珠母貝のように輝いて見える真珠雲もその一つである．

そしてこうした Cl_2 や HOCl が光分解し Cl 原子をパルス的に大気中に放出することになり，ClO_x サイクルによりオゾンがどんどんと破壊されることになる．季節が進むと極渦が減衰していきオゾンホールも解消する．オゾンホールの現象は南極ばかりでなく北極でも観測されるが（図1.3 (b)），成層圏の温度が北極のほうが一般的に高く PSC 発生に必要な低温になる頻度が少ないことと，南極のような大きな極渦が発達しないことから，大きなオゾンホールに発達することはない．1987年春季の極域にハーバード大学のアンダーソンが極渦付近のオゾン濃度と ClO 濃度を測定した結果を図1.4に示す．

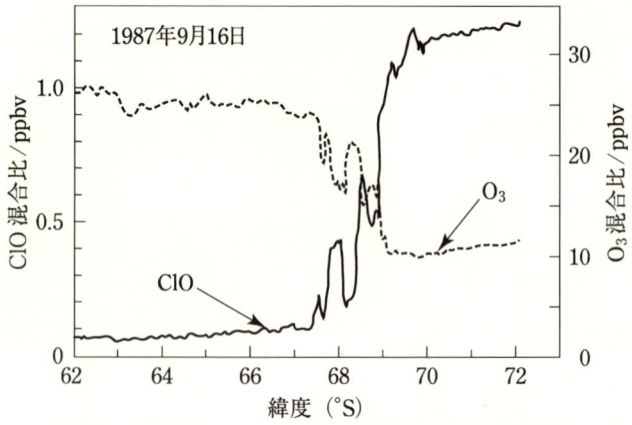

図 1.4　極渦近くのオゾン濃度と ClO 濃度の関係

横軸は緯度で，68〜70度のところが極渦の境界であり右側が極渦の中である．極渦の外側ではオゾン濃度は高く ClO 濃度は低いが極渦の内側ではその逆となっている．また境界近傍ではオゾンと ClO がきれいな逆相関を示していることがわかる．この観測によりオゾンホールのメカニズムが実証された．

d．成層圏オゾンの現状と将来

オゾンホールの発見により CFC の成層圏オゾンへの影響が決定的となり，1987年にカナダにおいてモントリオール議定書が採択され CFC の削減が世界規模で実施されるようになった．成層圏に存在する等価 Cl の濃度のシナリオを図1.5に示す．等価となっているのは，たとえば Br 原子はその存在量は少ないものの Cl よりもはるかにオゾン破壊速度が速いので Cl 4 原子分に相当するとか，CH_3Cl からは Cl 原子は1個しか生成されないが CCl_4 からは 4 原子の Cl が生成するので，それらを考慮し補正した値で評価する必要があるからである．図中「天然」と示してあるのはおもに海洋から発生すると考えられている CH_3Cl や CH_3Br の量であり，人間活動には関係がない．

代替フロン
CFC は対流圏での反応性がきわめて低いため大気中に長期間にわたり漂い，成層圏オゾンに対して脅威となる．そこで対流圏での寿命の短い代替物質の開発が進められている．CFC の塩素やフッ素を一部水素に置換した化合物が一般的であり，HFC や HCFC が合成されている．炭素に結合した水素は容易に OH ラジカルによる水素引き抜き反応を受け大気中の寿命は短くなりオゾン破壊に対する危険性が少なくなるが，温室効果が高いことから注意が必要である．

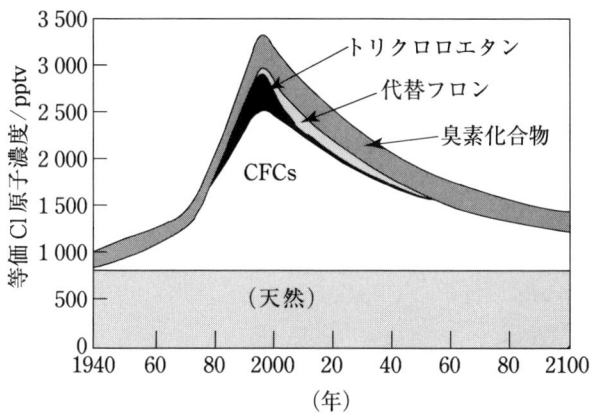

図 1.5　成層圏における等価 Cl 濃度の長期予測

CFC の大量放出により，2000 年には自然界の存在量に対して約 3 倍のハロゲンを成層圏に放出したことになる．

図 1.6 に 1980 年当時のレベルと比較した大気中のオゾン濃度の変動を示す．1992〜1993 年にかけて起こったピナツボ火山の噴火により成層圏に大量のエアロゾルが注入され，これを原因として 1993 年に急峻なオゾン減少が起こっている．このような突発的な要因もありオゾン濃度変化は複雑な年変動を示すが，2000〜2005 年あたりがもっとも低濃度の時期になると考えられている．

今後，モントリオール議定書およびその後に修正された CFC の規制に従うとすると，成層圏のオゾンは約 50 年後に 1980 年当時のレベルまで回復すると期待されている．

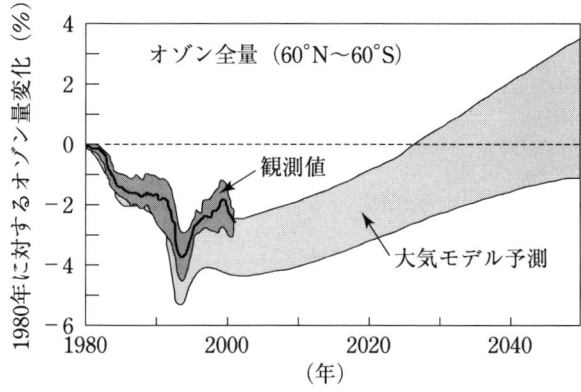

図 1.6　1980 年当時と比較したオゾン全量の変化とそのモデルによる予測

1.2 地球温暖化

a. 太陽放射と温室効果

太陽放射と地球放射のエネルギー収支については図1.7に示すとおりである．

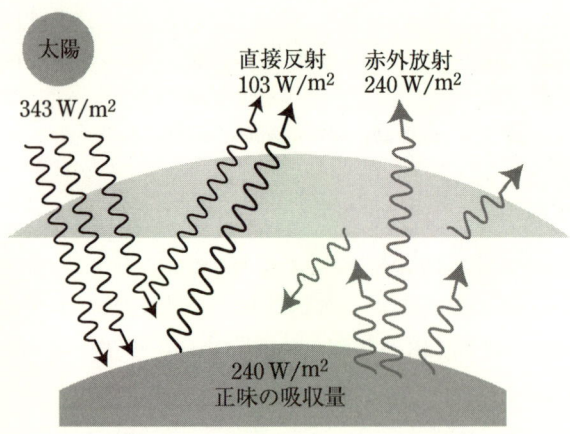

図 1.7　太陽放射エネルギーの収支

黒体放射
熱平衡に達した物体(黒体)からの電磁波の放射をさす．電磁波の強度分布 $\sigma(\lambda)$ は以下のプランクの式でよく表される．
$$\sigma(\lambda) = \frac{8\pi hc}{\lambda^5}\left(\frac{1}{e^{hc/\lambda kT}-1}\right)$$
地球表面温度を15℃とすると地球放射の極大は10 μmとなる．

太陽からの放射エネルギーは343 W cm^{-2}であり，大気中のエアロゾルや雲および地表からの直接反射は103 W cm^{-2}であるから正味240 W cm^{-2}の熱が地表および表層の大気を温めることになる．太陽放射は表面温度を5800 Kとしたときの黒体放射のスペクトルでよく近似され，放射の極大が可視光（λ～500 nm）である．

一方，地球放射の極大は λ_{max}～10 μm となり，おもに赤外線を放射する．もし大気中にこの赤外線を効率よく吸収するような気体が存在するとその吸収により大気がさらに温められることになる．この現象を温室効果（green house effect）とよんでおり，水や二酸化炭素がその働きをしている．温室効果がないとすると地表大気温は−18℃となり，地球上に液体の水は存在しないことになる．大気中に含まれている1％程度の水蒸気と0.03％の二酸化炭素が温室効果により，地表の温度を33℃も高めているのである．

b. 温室効果気体の増加と気候変動

地球の気候は寒冷な氷河期と温暖な間氷期を繰り返してきたが，これらは数万年から数十万年のオーダーで起こるゆるやかな変動である．しかしながら，人間活動の活性化に伴い，この100年間で約0.7℃も地球気温の平均値が上昇している（図1.8）．

なぜこのように地球気温が上昇してきたかについては簡単に結論づ

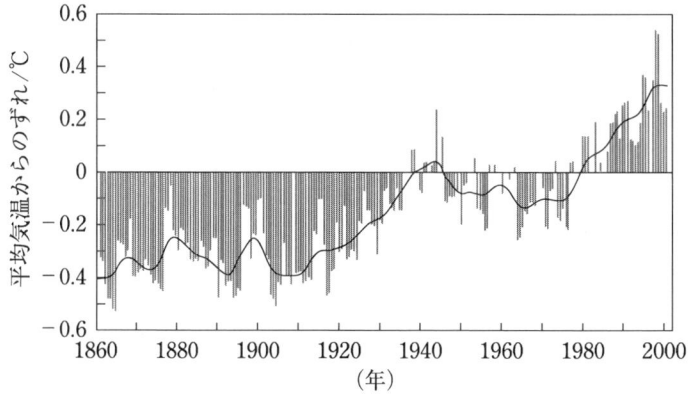

図 1.8　地球平均気温の変遷

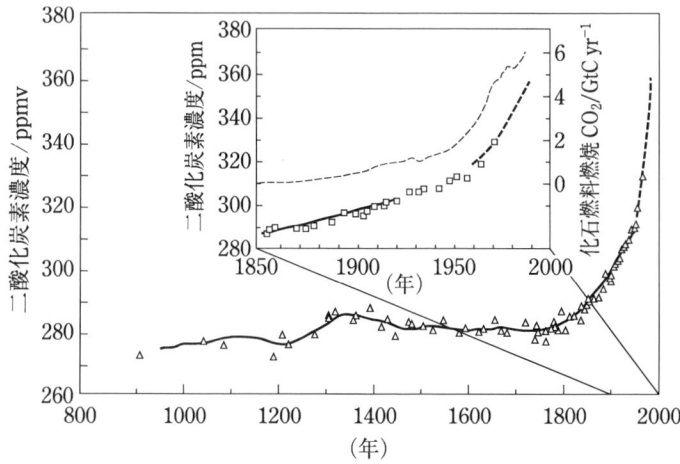

図 1.9　二酸化炭素濃度の変遷と化石燃料の燃焼による二酸化炭素の排出量

けることは難しいが，化石燃料の大量消費に伴う二酸化炭素の大気中への放出量が増加したことがおもな要因と考えられている．

図1.9に南極の氷床から採取した試料を分析した結果および大気濃度連続測定結果を示す．産業革命以前の二酸化炭素濃度は約275 ppmvであったと見積もられている（表1.1）が，現在では369 ppmvである．また，化石燃料燃焼による二酸化炭素発生量も同時に示して

表 1.1　温室効果気体の濃度，増加率および大気寿命

温室効果ガス	2000年濃度	産業革命以前濃度	年間(1999～2000)増加濃度(増加率%)	大気寿命(年)
二酸化炭素(CO_2)	369 ppmv	275 ppmv	1.1 ppmv　(0.31)	5～200
メタン(CH_4)	1.7 ppmv	0.7 ppmv	1.7 ppbv　(0.1)	12
亜酸化窒素(N_2O)	316 ppbv	285 ppbv	1 ppbv　(0.3)	～150
対流圏オゾン(O_3)	10～100 ppbv	～10 ppbv	0.1～1 ppbv　(～1)	0.1～0.2
CFC-11($CFCl_3$)	260 pptv	0	-1 pptv　(-0.03)	45
CFC-12(CF_2Cl_2)	533 pptv	0	2 pptv　(0.4)	100
CFC-113($C_2F_3Cl_3$)	82 pptv	0	-0.4 pptv　(-0.4)	85

いるが，大気中の二酸化炭素濃度の増加とよく相関していることから，二酸化炭素濃度の上昇はおもに化石燃料の燃焼によることがわかる．

二酸化炭素以外の温室効果気体としては対流圏オゾン（O_3），メタン（CH_4），亜酸化窒素（N_2O）およびフロン類（CFCs）が重要である．それぞれの気体の濃度増加による平均気温上昇への寄与率を図 1.10 に示す．

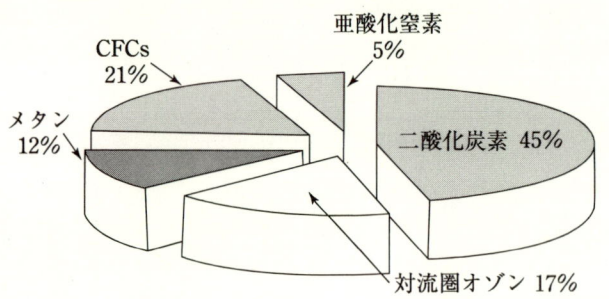

図 1.10 温室効果気体の濃度上昇による平均気温上昇への寄与率

メタン濃度の増加は，水田の耕作，畜産の拡大，焼畑などによるバイオマスの燃焼，炭坑・天然ガスの採掘などによる．対流圏でオゾンが増加したのは後に示す光化学的な生成過程が増加したためである．亜酸化窒素濃度の増加は，化学肥料の使用と，化石燃料やバイオマスの燃焼によると考えられている．二酸化炭素は大気中の寿命が約 200 年と見積もられている．化学的にはきわめて安定であるため，大気中での光分解や化学反応による消失はほとんど期待できない．消失は海洋への溶けこみと植物による炭素固定による．植物はやがて枯れて再び大気中に二酸化炭素を放出するので一時的なリザーバーである．

オゾンおよび水蒸気以外の温室効果気体は寿命が著しく長く，そのために大気中に蓄積され温室効果が大きくなる．フロン類の中でも比較的寿命の短い CFC-11 や CFC-113 は，オゾン層を破壊する物質であることから規制されるようになり，現在ではその効果が現れ減少傾向となっている（表 1.1）．

c. 二酸化炭素濃度の将来予測

二酸化炭素濃度は現在でも 0.31％ 毎年増加している．図 1.11 (a) に人間活動による二酸化炭素の排出量の将来シナリオを示す．たとえば大気濃度を 450 ppmv で安定化するためには「WRE 450」の排出シナリオに従わなければならないということを示している．今後の人類の発展を考慮したシナリオも同時に示してある．

経済的成長を重視する（A）か環境との調和を重視する（B）か，ま

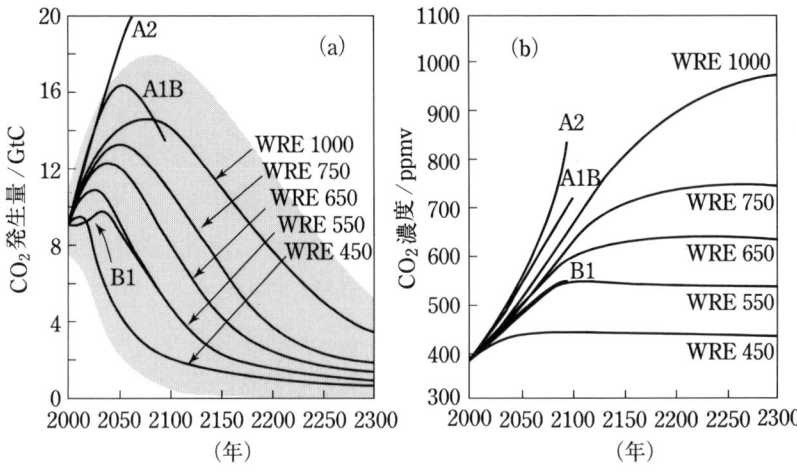

図 1.11 CO_2 排出量のシナリオ (a) と想定された二酸化炭素濃度予測 (b)

た，広域的な発展をする (1) か閉鎖的な成長をするか (2)，という二つの軸を考える．すなわち A1 シナリオは今後 50 年間に，経済が急速にまたグローバルに成長することを想定した社会である．図の中で示されている A1B とは，そのようなシナリオの中で消費するエネルギーを，化石燃料とその他のエネルギー源をバランスよく使用してまかなう場合である．A2 では地域的な交流が少なく，革新的な技術の積極的な取込みが遅いことを想定した場合である．B1 は積極的に革新的な技術を取り込み環境と調和する社会（持続可能型社会）を想定した場合である．

図 1.11 (b) はそのようなシナリオを想定した場合の二酸化炭素濃度の予測である．いずれの場合でも，二酸化炭素濃度を安定化するためには近い将来に革新的な技術開発を行い化石燃料依存から脱却する必要があり，この表の示すところは大変厳しいものである．じつは COP3 京都議定書で採択された 6% の削減などでは到底足りないのである．

産業革命以前の濃度の 2 倍になったら大気温度はどのようになるかについては精力的に将来予測が行われている．単純な熱放射量の計算からは 1.3°C の気温上昇が予測されるが，気候変化による種々のフィードバックにより約 4°C の上昇になると考えられている．このフィードバックには気温上昇を加速するものと減速するものがある．気温上昇を加速する効果としては，水蒸気のフィードバックがある．二酸化炭素濃度の上昇により気温が上昇したとすると海水の蒸発が起こり大気中の水蒸気濃度が増加することになる．水蒸気は大きな温室効果をもつので，結果として気温の上昇を加速する．

また，雪氷の反射率変化によるフィードバックがある．これは温暖

化により雪氷が減退すると光吸収効率の高い地表面が現れ，太陽放射の吸収が増加するので気温の上昇を加速するというものである．減速する効果としては雲による反射の効果がある．気温が上昇すると水蒸気が増加するので雲量が増加する．雲は基本的には太陽放射を反射するので地表を寒冷化する．また，海洋も大気の気温変化を遅らせる働きがある．これら以外にも永久凍土に凍結されていたメタンが大気中に放出される効果や，植物の応答などが考えられる．

また，化石燃料燃焼やバイオマス燃焼から誘起されるエアロゾルの生成は地球を暖める効果と寒冷化する効果があり，その評価は現在の大気科学における大きな問題点となっている．これらの要素を考慮する必要があり単純に上昇温度を予測することは大変難しいが，1990年から2100年までの全球平均表面気温の上昇は1.4～5.8℃と見積もられている．

地球温暖化が進行すると各地で異常気象が起こり，海水の膨張や氷河の融解による海面上昇などが顕在化すると考えられており，大変憂慮される事態となっている．

1.3　オキシダント増加

a. 光化学オキシダント

1970年代に都市の光化学オキシダントの毒性などが明らかになり，公害問題として盛んに研究されてきた．光化学オキシダントとは大気中で光化学的に生成される毒性をもつ酸化性化学物質の総称であり，その中でもっとも重要なのがオゾンである．対流圏のオゾンは人間活動により直接大気中に放出されるわけではなく，放出された前駆体物質から光化学反応により二次的に生成してくる化学物質である．

光化学オキシダント問題は自動車の排気ガス規制などにより，いったんは減少したように見えていたが，じつはじわじわと地球の北半球では増え続けており，われわれの生活を脅かしている．成層圏オゾンの減少が問題となっているが，対流圏では逆にオゾンが増えてきて困っているのである．対流圏のオゾン濃度の変遷については幸いなことに130年前にヨーロッパで測定された記録が残っている．その当時は約10 ppbvであったと考えられているが，図1.12で示すように現在では約50 ppbvとなり，この100年間に5倍も濃度が増加していることがわかる．

環境省が設定している環境基準は1時間値として60 ppbvであり，現在の濃度はその値に肉薄している．オゾンはそれ自身の毒性に加え

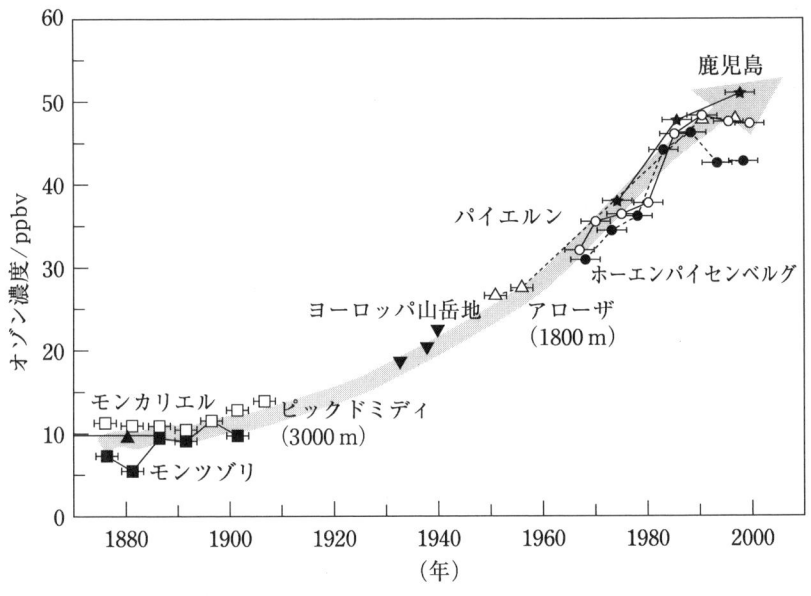

図 1.12 春季の対流圏オゾン濃度の変遷

て強い温室効果気体でもある．また，植物に対する毒性が強いことから，空気中の二酸化炭素の固定を阻害することになるので間接的に地球温暖化ガスといえる．また対流圏オゾンは OH ラジカルの発生源となることから，一部の不活性な気体を除くほとんどの化学物質の酸化過程に寄与していることになり，オゾンの濃度変動は多くの化学物質の濃度に強くかかわることになる．

b．対流圏オゾンにかかわる反応

対流圏のオゾンの収支について考えてみると，生成プロセスとしては成層圏からの流入（成層圏のオゾンは地球大気のオゾン全量の約 9 割を占めている）と対流圏内での光化学的生成がある．一方，消失プロセスとしては大気中での光化学的な破壊と地表への沈着がある．こうした生成と消失のバランスにより，大気中濃度が規定されている．人間活動の活発化によりオゾン前駆体物質の大気への排出が増加すると，大気中での光化学的生成が増え対流圏のオゾン濃度が増加する．オゾンの光化学的な生成過程は，以下に説明するとおりである．

波長 310 nm 以下の太陽紫外線によりオゾンは光分解し電子励起した酸素原子 $O(^1D)$ が生成する．この $O(^1D)$ は水蒸気と反応し OH ラジカルが生成する．

$$O_3 + h\nu \longrightarrow O_2 + O(^1D) \tag{1.3}$$

$$O(^1D) + H_2O \longrightarrow 2\,OH \tag{1.15}$$

OH ラジカルは非常に反応性が高いので二酸化炭素，クロロフルオロカーボンや一酸化二窒素などを除くほとんどの化学物質と反応する

可能性がある．清浄な大気中では，OH ラジカルの約 70 % が CO と反応し，約 20 % が CH_4 と反応する．CO と OH ラジカルの反応では以下の一連の反応を示す．

$$OH + CO + O_2 \longrightarrow HO_2 + CO_2 \quad (1.18)$$
$$HO_2 + NO \longrightarrow OH + NO_2 \quad (1.19)$$
$$NO_2 + h\nu \longrightarrow NO + O(^3P) \quad (1.20)$$
$$\underline{O(^3P) + O_2 + m \longrightarrow O_3 + m \quad (1.2)}$$
$$CO + 2O_2 \longrightarrow CO_2 + O_3 \quad (1.21)$$

HO_2 と NO の反応で生成した NO_2 は 398 nm 以下の波長の太陽光により光分解され基底状態の酸素原子（$O(^3P)$）を生み出し，O_3 を生成する．結局，1 分子の CO から 1 分子の O_3 が光化学的に生成することになる．OH は HO_2 に変換されるが再び OH に戻され，また，NO も NO_2 となるが再び NO に戻される．HO_x（OH や HO_2）と NO_x（NO および NO_2）が連鎖体となり反応サイクルが回るたびにオゾンが光化学的に生産されることになる．HO_2 ラジカルは NO との反応以外では HO_x ラジカルおよび O_3 との反応が重要である．O_3 と反応すると自身は OH ラジカルに戻され，O_3 は酸素分子となり，実質的にはオゾンの破壊が起こることとなる．

$$HO_2 + O_3 \longrightarrow OH + 2O_2 \quad (1.22)$$

これがオゾンの光化学的破壊機構である．HO_2 ラジカルの反応速度を表 1.2 に示した．HO_x ラジカルとの反応では過酸化水素や水が生成し HO_x ラジカルのロスプロセスとなるが，反応速度は $10^{-4}\,s^{-1}$ のオーダーである．

$$HO_2 + HO_2 \longrightarrow 2H_2O_2 + O_2 \quad (1.23)$$
$$HO_2 + OH \longrightarrow H_2O + O_2 \quad (1.24)$$

一方，O_3 を 30 ppbv，NO を 10 pptv とした場合の O_3 および NO との反応速度は HO_x ラジカルの場合に比べて一桁大きな値となる．そのため，対流圏で O_3 が光化学的に破壊されるか生成されるかは NO

表 1.2　HO_2 ラジカルとの反応速度

	反応速度定数 $cm^3\,molecule^{-1}\,s^{-1}$	反応体濃度 $molecules\,cm^{-1}$	反応速度 s^{-1}
HO_2	1.7×10^{-12}	1×10^8	1.7×10^{-4}
OH	1.1×10^{-10}	1×10^6	1.1×10^{-4}
O_3	2.0×10^{-15}	7.5×10^{11} (30 ppb)	1.5×10^{-3}
NO	8.1×10^{-12}	2.5×10^8 (10 ppt)	2.0×10^{-3}

反応速度定数は $T=298\,K$ の値である

の濃度に強く依存しているといえる．大まかにいうと，NO の濃度が数 10 pptv 以上だと式 (1.18)〜(1.20), (1.2) で示されたラジカル連鎖反応により光化学的に O_3 が生成され，NO 濃度が低い場合には式 (1.22) で示される光化学的 O_3 破壊が進行することになる．

OH ラジカルと CH_4 の反応では，CO の場合と同様に最終的には 1 分子の CH_4 から 2 分子の O_3 とホルムアルデヒド（CH_2O）が生成する．

$$OH + CH_4 \longrightarrow CH_3 + H_2O \quad (1.25)$$
$$CH_3 + O_2 + m \longrightarrow CH_3O_2 + m \quad (1.26)$$
$$CH_3O_2 + NO \longrightarrow CH_3O + NO_2 \quad (1.27)$$
$$CH_3O + O_2 \longrightarrow CH_2O + HO_2 \quad (1.28)$$
$$HO_2 + NO \longrightarrow OH + NO_2 \quad (1.19)$$
$$2(NO_2 + h\nu \longrightarrow NO + O(^3P)) \quad (1.20)$$
$$2(O + O_2 + m \longrightarrow O_3 + m) \quad (1.2)$$
$$\overline{CH_4 + 4O_2 \longrightarrow CH_2O + H_2O + 2O_3} \quad (1.29)$$

このようにして，適当な NOx 濃度が存在する大気中ではオゾンが光化学的に生成している．このオゾン生成機構は成層圏でのそれとはまったく異なったメカニズムである．

c．都市における大気反応

人間活動の活発な都市では大量の NOx，SO_2 や CO の排出に加えて揮発性有機物（VOC）の排出も著しい．VOC の中身は非メタン炭化水素（NMHCs），アルコール類，カルボニル化合物（ケトン類，アルデヒド類）等多岐にわたるが，オゾン前駆体物質としては NMHC が重要である．都市大気中での光化学反応については，光化学スモッグで代表される現象を通して 1950 年代から反応生成物の同定や反応機構解明の研究が進められてきた．

清浄な大気中での一酸化炭素や CH_4 と同様に，NMHC も OH ラジカルとの反応を初期過程とする一連の反応により光化学的 O_3 を生成することが知られている．飽和炭化水素の場合は以下に示す炭化水素の OH ラジカルによる水素引き抜き反応が初期過程となる．ここで，CARB はカルボニル化合物であり，R はアルキルラジカルである．CH_4 の場合と同様に NOx 濃度がある程度高いときには 1 分子の NMHC から 2 分子の O_3 と CARB を生成することになる．

$$OH + NMHC \longrightarrow R + H_2O \quad (1.30)$$
$$R + O_2 + m \longrightarrow RO_2 + m \quad (1.31)$$
$$RO_2 + NO \longrightarrow RO + NO_2 \quad (1.32)$$

NOx と自動車排ガス
高温の燃焼により大気中の窒素（N_2）と酸素（O_2）が反応し NO が生成するので，自動車排ガス中には大量の NO が含まれている．この NO は大気中でオゾンや過酸化ラジカルと反応し NO_2 へと変換されるが，日中は太陽光（$\lambda < 398$ nm）により光分解し NO が再生する．これらの反応は大気中で数分の時間スケールで起こるので，NO と NO_2 をまとめて NOx として表す．

$$
\begin{aligned}
RO + O_2 &\longrightarrow CARB + HO_2 & (1.33)\\
HO_2 + NO &\longrightarrow OH + NO_2 & (1.19)\\
2(NO_2 + h\nu &\longrightarrow NO + O(^3P)) & (1.20)\\
2(O + O_2 + m &\longrightarrow O_3 + m) & (1.2)\\
\hline
NMHC + 4O_2 &\longrightarrow CARB + H_2O + 2O_3 & (1.34)
\end{aligned}
$$

二重結合を有する NMHC の場合は OH の二重結合への付加反応が初期過程となる．エテン（エチレン：$CH_2=CH_2$）について反応を示すと，OH 付加した RO_2 ラジカルが生成し，その後の反応は一般的な飽和炭化水素と同様と考えられている．

$$
\begin{aligned}
CH_2=CH_2 + OH &\longrightarrow CH_2OHCH_2 & (1.35)\\
CH_2OHCH_2 + O_2 + m &\longrightarrow CH_2OHCH_2O_2 + m & (1.36)
\end{aligned}
$$

イソプレン（C_5H_8）は植物から大量に放出されるオレフィンであるが，OH ラジカルとの反応速度は著しく大きいので植物活性の高いところでは重要な O_3 の前駆体となる．

d．オゾンと前駆物質の関係

光化学 O_3 の生成速度は，前駆体である NOx と NMHCs の濃度に対して複雑な応答を示す．モデルによる1時間あたりの O_3 生成量の等高線を NOx と炭化水素の濃度の関数として計算した結果を図1.13 に示す．この図によると大別して二つの特徴的な領域があることがわかる．それは O_3 の生成速度が NOx 濃度に敏感に応答する領域と炭化水素濃度に敏感に応答する領域である．NOx に敏感な領域は低濃度の NOx と高濃度の炭化水素濃度の領域である（HC/NOx が大：図中右下）．炭化水素濃度の変化ではほとんど生成速度は変化しないが，

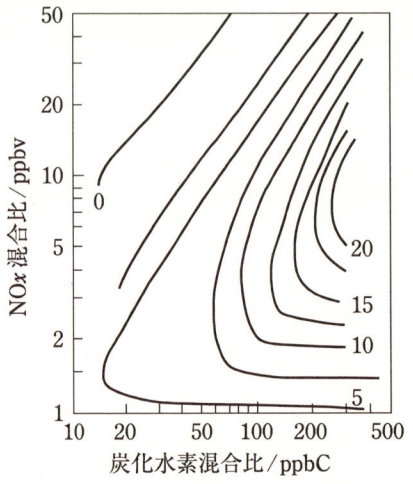

図 1.13　炭化水素と NOx 濃度の関数で示されたオゾン生成速度（ppbv h^{-1}）

NOx 濃度の変動には著しく敏感である．

一方炭化水素に敏感な領域は炭化水素の増加に対して敏感に O_3 生成速度が増加するが，NOx 濃度の増加に対しては逆に生成速度が減少する領域（HC/NOx が小：図中右上）である．NOx 濃度に敏感な領域は，下式の反応が重要であり，NO の濃度の増加が OH ラジカル濃度の増加をもたらす．

$$HO_2 + NO \longrightarrow OH + NO_2 \qquad (1.19)$$

オゾン生成の一連の反応の中で律速を与えているのは OH ラジカルと CO や炭化水素との反応（式 (1.18)，(1.25)，(1.30)，(1.35) など）であるので，O_3 の生成速度と OH ラジカル濃度は正の相関があり，この領域では NOx の増加により O_3 生成速度を増加させる．一方 HC 濃度に敏感な領域では，次式のような硝酸に変換される過程が重要となるため，NOx 濃度の増加に従い OH ラジカル濃度の減少をもたらし，O_3 生成速度を減少させることになる．

$$OH + NO_2 + m \longrightarrow HNO_3 + m \qquad (1.37)$$

このようにオゾンの生成速度は NOx と炭化水素の濃度に非線形に応答していることがわかる．

オゾンの光化学的生成機構にかかわる反応を図 1.14 に模式的に示す．オゾンの光分解に引き続き生成した OH ラジカルは，一酸化炭素と反応すれば直接 HO_2 が生成し，炭化水素と反応すれば RO_2 が生成し，いずれも NO を酸化し NO_2 を与え，NO_2 は光分解反応によりオゾンを生成する．ここで OH ラジカルおよび NO は再生し引き続き次の反応に寄与することから触媒として働いていることがわかる．一方，一酸化炭素や炭化水素は酸化され二酸化炭素やアルデヒドとなりオゾン生成に寄与することから，これら一連の反応サイクルを駆動する燃料であると考えられる．

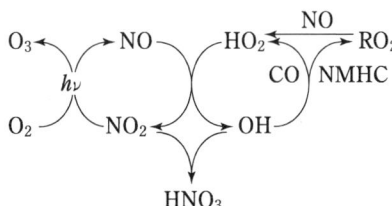

図 1.14 オゾン生成にかかわる大気反応の概略図

最近の見積もりによると，成層圏からのオゾンの流入は 400〜850 Tg yr^{-1} であり，対流圏内での光化学的生成は 3500〜4000 Tg yr^{-1} と見積もられている．それに対して光化学的な破壊は 3000〜4000 Tg yr^{-1} であり，地表への沈着は 500〜1200 Tg yr^{-1} である．非常に出入

りの多い量の中でオゾン濃度が規定されていることになるので，オゾン濃度は光化学的な生成量に大きく影響されることになる．

ここでは，均一気相反応についてのみ取り上げたが，大気中では気体分子に加えて液滴や固体の微粒子も存在しており，これらエアロゾルが大気化学反応において重要な役割を果たしている場合がある．対流圏大気中のエアロゾルには地球表面から直接放出される土壌起源エアロゾル，海塩粒子，すす粒子などに加えて大気中において生成および成長してくる有機エアロゾルもある．これらのエアロゾルはそれ自身が太陽放射を遮蔽したり熱を蓄えたりすることから気候変動の予測においても非常に重要な物質と考えられており，現在盛んに研究が進められている．たとえば SO_2 は化石燃料の燃焼により大気中に放出され，OHラジカルと反応し硫酸となりエアロゾル化することが知られている．酸性雨の原因物質であるという観点からは望ましくない物質であるが，一方硫酸エアロゾルが太陽光を反射することや雲の凝結核になり得るという点からは，地球温暖化の緩和に寄与するともいわれている．

オゾンの話に戻るが，対流圏のオゾンの増加を止めるためにはその前駆体物質の排出を減らす必要がある．窒素酸化物の排出を制限することが一番効率的であると考えられるが，窒素酸化物の大気中濃度を下げるとOHラジカルの大気中濃度も下がることとなり，メタンの大気寿命を延ばすこととなる．メタンは二酸化炭素の次に重要な温室効果気体であると考えられているので，結果的には温暖化という観点からは加速する方向になってしまう．窒素酸化物もOHラジカルと反応し硝酸となるが，これは酸性雨の原因物質である一方で植物に対しては施肥効果ももっており，単純に窒素酸化物が善玉か悪玉かを断ずることは難しくなる．このように多様な側面を有している現象の対策を行うためには，窒素酸化物の排出規制に加えて一酸化炭素やNMHCの排出抑制をかけることが重要である．

精緻な将来予測を行うためには，正確な現状把握に加えて種々の相互作用を考慮する必要がある．化石燃料を燃焼して大気中に汚染物質を排出することによる大気への直接的な影響に加えて，陸上での生物圏（おもに植物や土壌中の微生物）によるフィードバック効果についても考える必要がある．また，地球表層の7割を占める海洋の役割についても検討することが重要となる．たとえば，地球が温暖化したとするとその後の海洋からの微量ガスの吸収・放出過程はどうなるのか．また，その結果大気はどのように影響を受けるのかといった問題があ

酸性雨
pHが5.6以下の雨のことを酸性雨とよぶ．酸性雨の原因は火山などによる自然起源と人為起源がある．ここでは人為起源の酸性雨について述べる．化石燃料の燃焼によりNOxとSO$_2$が大気中に放出されるが，これらの物質はOHラジカルと反応し硝酸や硫酸が生成する．硫酸は蒸気圧が低いので大気中の水分を取込エアロゾル（液滴）になる．また，土壌起源のエアロゾル中の Ca^{2+} や Mg^{2+} イオンなどと中和反応を起こし，中性のエアロゾルとなる．これらの酸性ガスやエアロゾルが雨に取り込まれて大気から除去されるのを湿性沈着とよび，ガス状物質のまま地面に沈着する場合を乾性沈着とよび区別されている．すなわち酸性雨とは湿性沈着のことである．一般的には，酸性物質の沈着量は湿性沈着と乾性沈着ともに同じ程度重要であると考えられている．

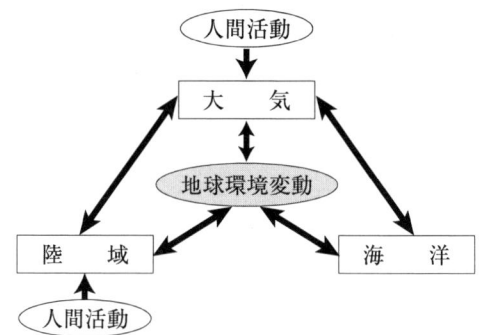

図 1.15 地球環境変動と大気・陸域・海洋の相互作用

る．図 1.15 にこれらの相互作用の概略図を示す．人間活動による摂動は大気と陸域への直接プロセスがあり，その結果，オゾン層破壊，オキシダント増加，大気の酸性化，温暖化などの現象を通して陸域の植生や海洋の生物生産に影響を与え，それが再び大気に影響を与える，という関係にあると考えられる．

2 水圏の環境

2.1 水資源

a. 地球上の水

地球は水の惑星といわれるように,その表層にはおよそ14億km³,すなわち 1.4×10^{18} t の水が存在すると推計されている.表2.1に示すように,地球上の水の97.5％が塩水(おもに海水)であり,残り2.5％が淡水である.しかし,淡水のうち7割以上が極地や氷河などの氷として固定化されており,地下水,河川水,湖沼水などの淡水は地球上の水の約0.8％である.しかも,その大部分は地下水であり,私たちが比較的容易に使用できる河川水や湖沼水は地球上の総水量に対して0.008％程度にすぎない.

図2.1に地球規模での水の循環を示す.水圏の水は太陽のエネルギーを受けて蒸発し,大気圏で雲になり,雨や雪などになって再び地上に降りてくる.すなわち,地球上の水は液体,気体である水蒸気,固体の雪や氷として状態を変化させながら水圏と大気圏との間で循環経路を形成しており,これを水の大循環という.ここで,海洋と陸地

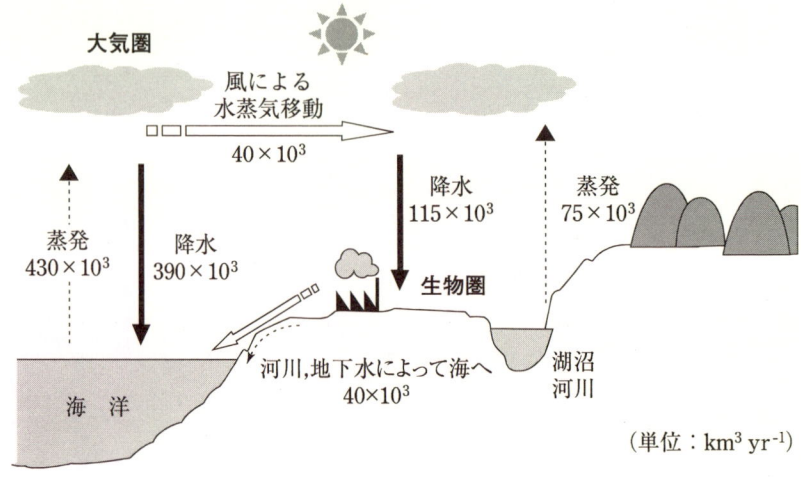

図 2.1 水の大循環
［文部科学省,2003を一部改変］

における水の収支を考えてみる．海洋からの蒸発水量は約430兆 t yr^{-1}，海洋への降水量が約390兆 t yr^{-1}と推計されており，その差の約40兆 t yr^{-1}が水蒸気として風によって海から陸に運ばれる．これが降雨などになって陸地に移動し，河川水や地下水となり，再び海に戻っていく．したがって，陸地では蒸発量よりも降水量のほうが約40兆 t yr^{-1}多くなるが，この陸地における過剰な水量が海洋に戻ることによって，水の大循環はバランスが保たれている．このように太陽エネルギーによって海水から毎年約40兆 t の淡水が製造されることになるが，これが陸地の自然活動を支えるとともに，われわれの生活や産業活動にとって不可欠な水資源を生み出している．

地球上における水の平均滞留時間を表2.1に示す．この値は水の存在量を年間移動量で除したものであり，各環境空間（リザーバー）に流入した水がその空間にとどまっている時間の平均値を意味している．河川や大気中の水は，10〜20日の平均滞留時間であり，年間に18〜36回の割合で入れ替わっていることになる．一方，リザーバーの容量が大きい海水や地下水などの場合には，平均滞留時間が千年オーダーと推定されており，これらのリザーバーに貯留された水資源は長期間滞留する．なお，水の平均滞留時間は，各リザーバー間の水の移動・循環だけでなく，水質の変化や汚染物質の浄化を考えるうえで重要な因子である．

表 2.1 地球上の水の分布量，輸送量，平均滞留時間

水の種類		存在量 10^3 km^3	全水量に対する割合（％）	年間移動量 10^3 km^3 yr^{-1}	平均滞留時間
塩水	海	1 338 000	96.5	418	3 200 年
	地下水	12 870	0.94	12	1 100 年
	塩水湖	85.4	0.006	—	数年〜数百年
淡水	氷河など	24 364	1.76	2.5	9 700 年
	湖沼水	102.5	0.0078	—	数年〜数百年
	河川水	2.12	0.0002	35	22 日
	土壌水	16.5	0.001	76	80 日
	地下水	10 530	0.76	12	880 年
大気中の水		12.9	0.001	483	10 日
生物中の水		1.12	0.0001	—	—
合 計		1 385 984	100	—	—

［国土交通省，2002 および椹根，1980 より作成］

b．日本の水資源

水の循環とわが国の水資源の利用状況を図2.2に示す．世界有数の多雨地帯に位置するわが国では年平均降水総量が6 500億 m^3 yr^{-1}

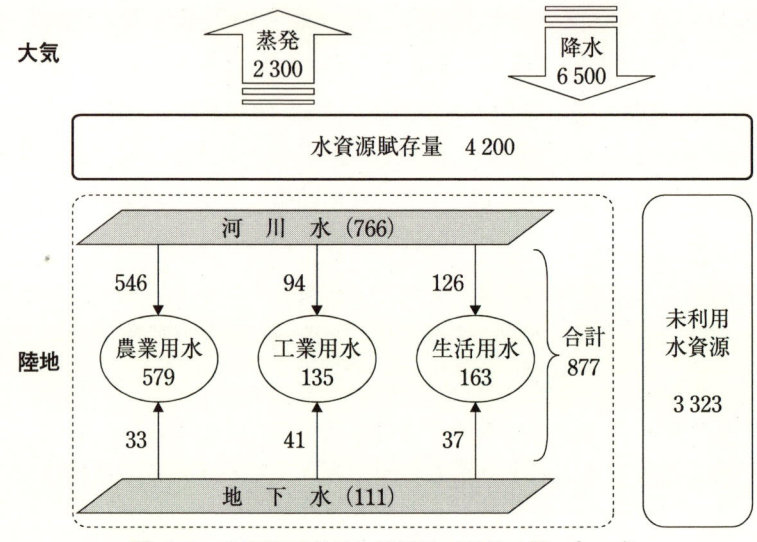

図 2.2 水資源賦存量と使用量（単位：億 m³ yr⁻¹）

（国土面積 37.8 万 km² で除した降水量は 1718 mm）であり，世界の年平均降水量の 2 倍に相当する．わが国の降水総量のうち，2300 億 m³ yr⁻¹ が地表から蒸発するので，残りの 4200 億 m³ yr⁻¹ が水資源賦存量（水資源として人間が最大限利用可能な理論量）となり，地表水（河川水や湖沼水）あるいは地下水として最終的には海に流出する．1999 年度における水使用量実績（取水量ベース）は，約 877 億 m³ yr⁻¹（877 億 t yr⁻¹）であった．用途別の使用量をみると，農業用水が 579 億 m³ yr⁻¹，工業用水が 135 億 m³ yr⁻¹，生活用水が 163 億 m³ yr⁻¹ である．

人間活動に伴って，水資源はさまざまな形態で利用される．わが国の水使用形態を図 2.3 に示す．生活用水とは，家庭用水と都市活動用

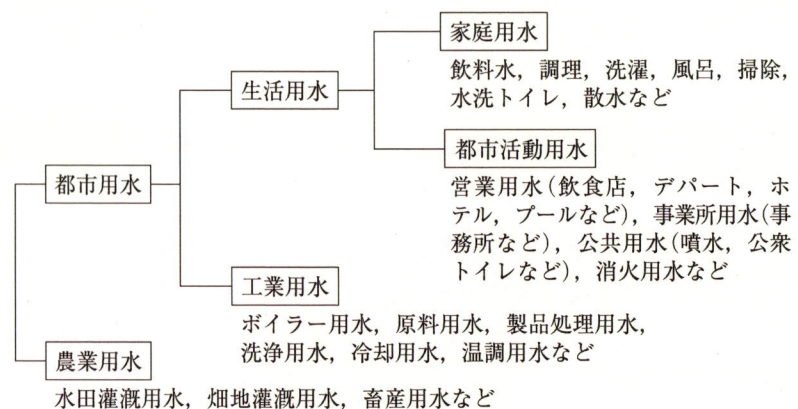

図 2.3 水の使用形態
［国土交通省，2002 より］

水を合わせたものである．生活用水の大部分は水道水として供給され，その使用量は1人あたり322 L day^{-1} である．生活用水と工業用水の使用量は，ほぼ同程度である．工業用水としての淡水使用量のうち，化学工業，鉄鋼業，パルプ・紙・紙加工品製造業の3業種で全体の70％程度を占めている．農業用水の大半は，水稲等の生育に必要な水田灌漑用水として使われる．各区分の水使用量の推移をみると，生活用水だけが年平均0.4％の増加傾向（1988（平成元）年からの10年間の年平均値）を示しており，これは生活の様式や水準が変化したことに起因すると考えられる．

先進国では国民1人あたり年間1 000 m^3 の水資源が必要だといわれているが，日本の水資源使用量は1人あたり年間約700 m^3 である．一見，国内の水資源消費量が先進諸国に比べて低く抑えられているようにみえるが，じつは，わが国では大量の農畜産物を輸入しており，この農業製品こそが水資源を多量に投入してできた産物である点を考慮しなければならない．すなわち，わが国は農畜産物の輸入を通じて，他国の水資源を間接的に利用しているのである．農業製品に対する水資源の投入割合（重量比；対可食部）は，たとえば，小麦で約2 900倍，牛肉で約22 000〜25 000倍であると試算されている．こうした農畜産物のことを水資源的観点から間接水（virtual water）とよぶことがある．わが国の間接水輸入量は年間約744億m^3 にものぼり，国民1人あたりに換算すると年間約600 m^3 に相当する．これに国内の水資源使用量約700 m^3 を加えると合計約1 300 m^3 となり，先進国としては多めの水資源を使用していることになる．このように，日本人は生活を支えている水資源の半分近くを海外に依存している．

c．新しい水資源

水資源の重要な特徴の一つは，循環型，持続的な資源である点にある．水の需要は，生活水準の向上，産業の発展などに伴い，今後とも都市用水を中心に増加していくものと予想される．しかし，ダムなどに依存する従来型の水資源開発は，用地確保，環境問題への対応などの点から難しくなっている．このような状況のなかで，水資源の有効利用と水環境の保全などの観点から，下水処理場などから発生する処理水や産業廃水の再利用が行われている．

わが国の工業用水においては，1999年には海水が150億m^3 yr^{-1}，淡水が560億m^3 yr^{-1} も使用されている．しかし，河川水などからの取水量（淡水取水量補給量）は年間135億m^3 程度に抑えられている．これは，工業排水の水質規制が強化されるに伴い，工場内で一度使用した水の回収利用が進み，現在では回収利用率が80％近くに達して

> **■ 世界の海水淡水化 ■**
>
> 　世界の人口が増加するとともに，1人あたりの水の消費量が増え続けている状況のなかで，飲み水にも事欠くという国や地域は少なくない．水不足に直面している国は，2000年で31ヶ国におよび，2025年には48ヶ国にまで増えるとも予測されている．中東，アフリカ，スペインなどでは，水資源の絶対量が不足しており，海水を取水源にして海水淡水化が積極的に実施されている．世界全体では，2001年12月現在で約3300万 t day^{-1} もの水が海水淡水化施設によって製造されている．造水量が3300万 t といえば，50 m プール（約2000 t の貯水量）では約1万6000千杯分の水量に匹敵し，ほぼ1億4000千人分の生活用水に相当する．
>
> 　造水量が10万 t day^{-1} 以上の世界有数の海水淡水化プラントは，クウェート，トリニダード・トバゴ，サウジアラビア，スペインで稼働している．とくに，サウジアラビアでは，大型施設による海水淡水化が積極的に実施されており，1989年および1994年には造水量が5万 t day^{-1} 余りのプラントが運転を開始し，1998年からは造水量が12万8000 t day^{-1} のプラント（当時では世界最大規模），2000年からは9万1000 t day^{-1} のプラントが稼働している．日本最大の海水淡水化施設（福岡県）は，5万 t day^{-1} の造水能力をもっており，世界第18位の規模である．

いるからである．このように，水資源の有効利用の点から工業用水の回収利用はきわめて重要な役割を果たしている．一方，下水処理水は水洗トイレ用水などの雑用水に再利用する事例が増えてきているが，その水量は年間1.5億 m^3 程度である．また，雨水利用は年間約700万 m^3 と推計されている．下水・産業廃水の再利用や雨水利用については，今後いっそう検討が進められるであろう．

　海水やかん水（塩分や鉱物イオンが含まれる地下水等）については，淡水化が実際に行われている．淡水化方式としては，エネルギー消費量がより少ない逆浸透法が主流となりつつある．水資源が乏しい地域における生活用水を確保するために，造水能力4万 m^3 day^{-1} の海水淡水化施設が沖縄県で使用されている．福岡都市圏では，5万 m^3 day^{-1} の造水能力をもち，約15万人分の水量を供給できる日本最大の海水淡水化施設が2005年度に稼動を始めた．淡水化施設による造水量は2000年度には531万 m^3 であり，生活用水利用量の約0.04％に相当する．また，アラブ首長国連邦のように淡水資源量が少なく，エネルギーが比較的低コストで得られる国では，取水量の20％近くを海水の淡水化でまかなっている事例もある．

2.2　水 の 浄 化

　山紫水明の地，日本では清らかな水が無限にあるという考えが根強く，水が石油と同じように貴重な資源と考えるところまでは至っていない．しかし最近では，価格がガソリンの10倍もするペットボトルに

入った飲料水を購入するのが普通となってきており，徐々にではあるが水の価値の高さが浸透しつつあるように見うけられる．

現在，世界中では水が原因で5秒に1人の割合で死亡している．今後20年以内に国家間で水の奪い合いに起因する水紛争が世界各地で勃発するといわれている．たとえば大河が複数の国を通って流れている場合，上流にある国の人口増加に伴い工業用水，農業用水，飲料水などの使用量が増加すると下流の国に水が十分流れなくなる．このような場合に争いが起きる．

これらの点を考えると，今後，水を使い捨てにするのではなく，浄化し，循環再利用する技術をさらに発展させていくことが人類の生き残りをかけた緊急の課題といえよう．

a．水質環境の基準

水質汚濁の原因物質として，懸濁物質（suspended solid；SS），有機物，重金属，窒素，リン，微量汚染物質などがあげられる．以前は，水のにごりの原因である懸濁物質や有機物，急性毒性による魚の死を引き起こす重金属に対する規制が中心であった．その後，富栄養化による藻類の異常増殖による二次汚染や，環境経由による人体や生態系に悪影響を及ぼす微量汚染物質も規制の対象に加わった．表2.2におもな水質評価指標とその概要を示した．表2.3，表2.4にわが国にお

表 2.2 おもな水質評価指標と概要

分析・試験項目	概　　要
懸濁物質（SS）	沪過したときに分離される物質の重量．濁度や潜在的BOD源となる物質量の指標
生物化学的酸素要求量（BOD）	検水中の好気性微生物の呼吸増殖作用による酸素消費量から有機性汚濁物質を定量化する指標
化学的酸素要求量（COD）	検水中の被酸化物質を化学的に酸化したときの酸素消費量を測定した値で有機性汚濁物質を定量化する指標（酸化剤として$KMnO_4$あるいは$K_2Cr_2O_7$を使用するが，どちらを使用したかをCOD_{Mn}あるいはCOD_{Cr}として明記）
全酸素要求量（TOD）	汚濁物質を高温で完全燃焼したときの酸素消費量
全有機炭素濃度（TOC）	汚濁物質を高温で完全燃焼したときに発生する二酸化炭素の測定値から，炭酸塩体炭素量（無機炭素量IC）を差し引いた値
n-ヘキサン抽出物	n-ヘキサンで抽出され100℃付近で不揮発な炭化水素とその誘導体，グリース，脂肪酸および誘導体などの油分の指標
フェノール類	異臭の原因となるフェノール類の指標
陰イオン界面活性剤（MBAS，ほか）	メチレンブルーと反応して生成する複合体の吸光度による測定．河川や湖沼などの発泡原因物質の指標

表 2.3 健康項目に関する水質環境基準

項　目	水質環境基準値 mg L^{-1}	項　目	水質環境基準値 mg L^{-1}
カドミウムおよびその化合物	≤0.01	PCB	ND*
シアン化合物	ND*	トリクロロエチレン	≤0.03
鉛およびその化合物	≤0.01	四塩化炭素	≤0.002
六価クロム化合物	≤0.05	ジクロロメタン	≤0.02
ヒ素およびその化合物	≤0.01	1,1-ジクロロエチレン	≤0.02
総水銀	≤0.0005	ベンゼン	≤0.01
アルキル水銀化合物	ND*	セレニウム	≤0.01

* ND：所定の分析法により検出されないこと．

表 2.4 生活環境保全に関する環境基準生活項目（河川）(mg L^{-1})

類型	利用目的の適用性	pH	BOD	浮遊物質量(SS)	溶存酸素	CG*1
AA	水道1級，自然環境保全*2	6.5〜8.5	1以下	5以下	7.5以上	≤50
A	水道2級，水産1級，水浴	6.5〜8.5	2以下	25以下	7.5以上	≤1 000
B	水道3級，水産2級	6.5〜8.5	3以下	25以下	5.0以上	≤5 000
C	水産3級，工業用水1級	6.5〜8.5	5以下	50以下	5.0以上	—
D	工業用水2級，農業用水	6.0〜8.5	8以下	100以下	2.0以上	—
E	工業用水3級，環境保全*3	6.0〜8.5	10以下	ごみなどの浮遊物が認められないこと	2.0以上	—

*1 CG：大腸菌群数（MPN 100 mL^{-1}）．
*2 自然環境保全：図2.4の「きれいな水」による環境保全．山紫水明の地の保全，自然・探勝等の環境保全．
*3 環境保全：図2.4の「汚い水」を用いても環境保存する．国民の日常生活において不快感を生じない限度．
該当水域：環境庁長官または都道府県知事が水域類型ごとに指定する水域．
注：湖沼，海域についても同様の基準値が設けられ，類型指定されている．

ける水質環境基準を示した．飲料水，工業用水，農業用水などに用いる場合，それぞれの基準値を満たさねばならない．

b．水の自然浄化現象

図2.4に河川における水の自然浄化現象の概略を示した．水質汚染の原因として，工場排水，生活排水，農業排水，畜産排水および降雨に伴う汚水がある．これら汚水中に含まれる汚濁物質の中で，有機物，浮遊物，栄養塩類，油類，酸とアルカリ物質および細菌類が環境に悪影響を及ぼす．

有機物は好気性微生物により酸化分解されるが，そのとき溶存酸素を消費するため，有機物の量が多いと酸素の濃度が減少した嫌気状態となる．このような状態下では嫌気性微生物による発酵が起こり，メタン，炭酸ガス，アンモニア，硫化水素のような還元性物質が発生する．浮遊物としては，土砂などの無機性懸濁物質や繊維質の有機性懸濁物質があり，浮遊物が水底に堆積しヘドロとなる．ヘドロは嫌気性分解を受ける．また窒素やリンが栄養塩類として流入すると，プランクトンが大量に発生し赤潮の原因となる．

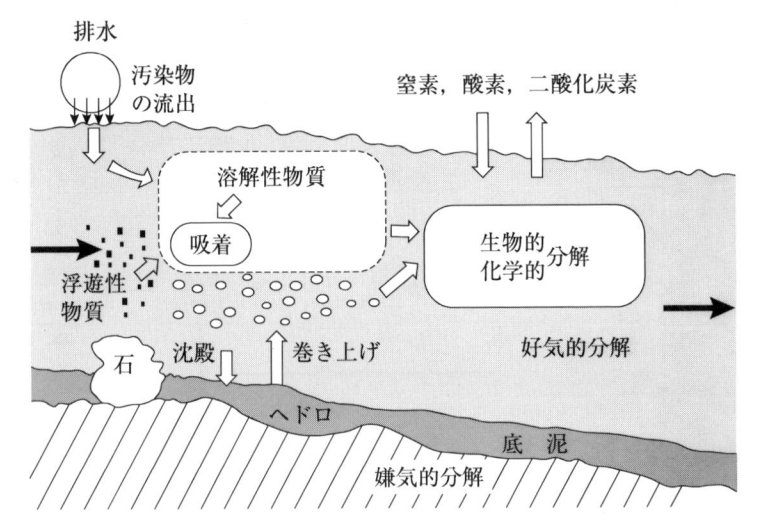

汚れの程度	BOD/mg L⁻¹	DO/mg L⁻¹	おもな生息生物
きれいな水	≤ 2	≥ 7.5	ヤマメ, サワガニ, カワゲラ
少し汚い水	≤ 5	≥ 5	コイ, フナ, 緑藻類
汚い水	≤ 10	≥ 2	タニシ, 原生動物, 藍藻類
大変汚い水	≥ 10	≤ 2	ユスリカ, ザリガニ, アメーバ

図 2.4 河川における自然浄化現象

c. 水の浄化技術

前項で述べた自然浄化能力を超える汚染物質が水中に存在するとき, 人為的に水を浄化しなければならない.

表2.5に水の浄化に用いられている代表的な処理方法を示した. これらは排水処理, 飲料水の製造や超純水の製造などに用いられている. 通常は, まず懸濁物質を物理的処理により除去した後, 溶存無機

表2.5 水の浄化・処理方法

	懸濁物質	溶存無機物質	溶存有機物質	除菌・殺菌など
物理的処理	自然沈降（沈砂） 自然浮上（油の分離） 砂沪過, 限外沪過, 精密沪過	電気分解 電気透析 逆浸透	活性炭吸着 限外沪過 逆浸透	限外沪過 逆浸透
化学的処理	凝集沈殿 凝集加圧浮上 （油水分離, 微小懸濁物質除去）	PH調整（中和, アルカリ添加による沈殿） イオン交換（キレート樹脂を含む） 還元, 酸化, 硫化物化 凝集脱リン	オゾン酸化 塩素酸化 焼却 湿式酸化	塩素添加 オゾン添加
生物的処理	活性汚泥 生物膜法 嫌気性消化など	生物硝化・脱窒 生物脱リン	活性汚泥 生物膜法 嫌気性消化など	なし

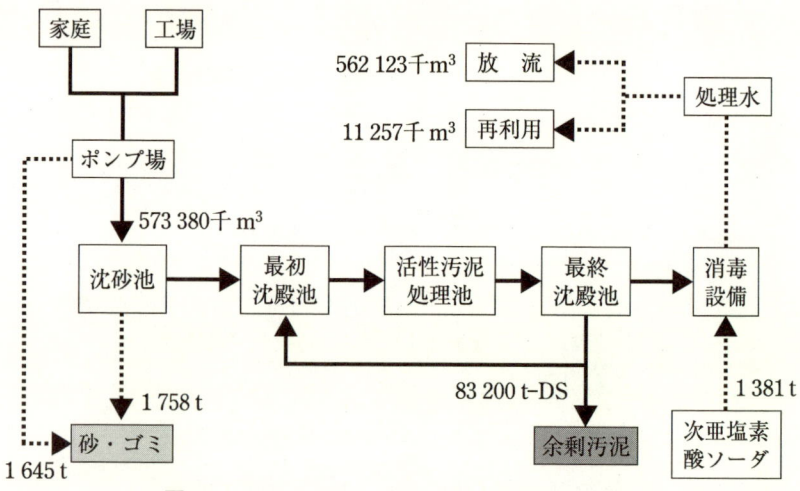

```
                          562 123千m³  放 流 ◀┄┐
  家庭    工場                                  │
    │      │                  11 257千m³  再利用 ◀┤ 処理水
    └──┬───┘                                   │
       ▼                                       │
     ポンプ場 ┄┄┄┄┄┄┄┄┄┄┄┄┄┄┄┄┄┄┄┄┄┐           │
       │                              │           │
       │ 573 380千m³                  │           │
       ▼                              ▼           │
     沈砂池 → 最初  → 活性汚泥 → 最終 → 消毒
              沈殿池   処理池    沈殿池   設備
       │       ▲                  │       ▲
       │       │ 83 200 t-DS      │       │ 1 381 t
       ▼       │                  ▼       │
     1 758 t   │                          次亜塩素
     砂・ゴミ   │                  余剰汚泥  酸ソーダ
     1 645 t
```

図 2.5　下水処理プロセスの例（横浜市，年間）

物質を除去，また生物的処理により有機物質を分解除去する．さらに高度な処理が必要な場合，化学的処理や除菌・殺菌などを行う．化学的処理は一般に処理コストを大幅に上昇させるため，処理水量と汚濁物質の性状を十分検討したうえで，吸着，イオン交換，膜分離，オゾン酸化，塩素酸化などの中から最適な処理プロセスを選定しなければならない．

　図 2.5 に典型的な水処理プロセスとして，下水処理場（横浜市）の例を示した．その中心となるプロセスは活性汚泥処理である．この方法は嫌気性菌によるメタン発酵プロセスよりも経済性にすぐれているため，大量の有機性汚濁水の浄化はほとんどがこの方法で行われている．まず，家庭や工場からの生活廃水が沈砂池（表 2.5 の物理的処理の自然沈降）で砂が除去される．次に最初沈殿池で有機性汚濁物を分解する微生物（余剰汚泥の一部返送）と混合された後，活性汚泥処理池に送られる．ここでは空気が槽内に吹き込まれ，有機物が酸素共存下で好気性微生物により生物分解される．

　有機物は二酸化炭素，水，硝酸イオン，硫酸イオンなどに酸化分解され，同時に微生物菌体が増殖する．なお，好気性微生物反応では酸化分解のため，低級脂肪酸，アンモニアや硫化水素の発生はほとんどなく特別の臭気対策が不要である．反応後，最終沈殿池に送られ，汚泥（増殖した微生物菌体）を物理的処理により分離する．処理水の方は，次亜塩素酸ソーダを添加して殺菌処理を施した後，放流あるいは再利用される．汚泥は一部最初沈殿池に返送され活性汚泥の反応に用いられる．余った汚泥（余剰汚泥）は産業廃棄物となる．

　現在，この余剰汚泥は全国で年間約 1 億 9 000 万 t 発生し，そのほとんどが焼却もしくは溶融処理されている．最後に発生する焼却灰ある

いは溶融固化物は最終処分場に埋め立てられている．大量のエネルギーを消費する余剰汚泥の最終処理の問題は最終処分場の枯渇の問題ともリンクして，下水処理問題に大きくのしかかってきている．今後，この余剰汚泥の経済的な処理法の開発，あるいはさらに進んでこのやっかいな余剰汚泥を資源・エネルギーとして再利用するプロセスの開発が水の浄化プロセスと切り離すことができない重要課題となっている．

　上水の製造では，まず懸濁物質を物理的処理した後，高度処理を行う．水源の富栄養化などに伴い発生する臭気，植物や動物の遺骸を微生物が分解することにより生じるフミン質（分子量が数百から数百万の天然高分子で，腐葉土の主成分）が浄水プロセス内の塩素殺菌過程で塩素と反応して発生する発がん性物質トリハロメタンなどの有機塩素化合物，原水中に残留している農薬などの微量有害物質などが水道水中に混入するのを防ぐために活性炭吸着が用いられる．オゾン処理との組合せで用いられることも多い．吸着成分の濃度は比較的低いため，長期間の運転がなされる．操作期間中に活性炭吸着層に微生物が付着し，ちょうど活性炭表面に微生物膜が生成した状態になる．これを生物膜活性炭と称し，微生物処理と吸着の相乗効果がもたらされることが多い．なお，浄水の物理的処理としてよく用いられる砂沪過においても，砂の層の砂粒子表面に微生物膜が発生し，懸濁粒子の沪過と有機物の微生物分解が同時に起こることがよく知られている．

　膜を利用した新しい水の浄化技術もかなり進んでいる．膜の目詰まりの問題が解決できれば，膜分離は浄水技術の中でも経済的にもっとも有望な技術となりうるものであろう．膜も平膜，中空糸膜，セラミック膜など多数開発されており，上水，下水，し尿処理など多数の浄水分野に応用されつつある．また海水の淡水化にも応用されている．砂漠地帯や離島などの水対策技術として，海水から淡水をつくり同時に塩をつくる膜分離，とくに逆浸透膜法が有効である．先に述べた水戦争の回避のためにも，安価な海水淡水化をはじめ種々の造水技術の開発が重要課題であり，今後ますます研究開発されなければならない分野である．

2.3 湖沼・湿地・河川・地下水

a. 湖　沼

　わが国には琵琶湖，霞ヶ浦，サロマ湖などの自然湖沼が多く存在する．湖沼は貴重な水資源が大量に蓄積されているだけでなく，古くか

ら淡水漁業や水上交通の要所として重要な役割を担ってきた．

社会構造の変化とともに廃水や水利用も変化し，湖沼の水質は急激に変化してきた．とくに，1960年以降の高度成長期においては，工場廃液に含まれる重金属類による汚染，農薬（除草剤）由来のダイオキシン類による汚染，生活廃水に含まれる窒素・リンによる豊栄養化など，水質汚濁が深刻な問題となった．とくに，生活廃水による湖沼・河川の水質汚濁では，洗濯用合成洗剤の使用が問題視された．たとえば，わが国で最大の琵琶湖では，1977年に発生した赤潮を契機に，合成洗剤の使用に関する検討が始まった．

当時の洗濯用合成洗剤は界面活性剤の助剤としてトリポリリン酸ナトリウム（リン酸塩）が使用されていた．このリン酸塩が湖沼の富栄養化とそれによるプランクトンの大発生（赤潮）の原因となることから，滋賀県は1980年に「滋賀県琵琶湖の富栄養化防止に関する条例」を施行し，リン酸塩を含む合成洗剤の使用を禁止し，生分解されやすい石けんの使用を奨励した．これと平行して合成洗剤の改良も進められ，リン酸塩に代えてゼオライトを使用した無リン洗剤が開発された．

このように，環境保全に対する社会意識の高まりや，湖沼の保全に関する法整備，さらに汚染の原因特定とそれに対する対策により，急激な水質汚濁はある程度抑制された．しかし，最近では環境ホルモン（内分泌撹乱物質）による生殖・発育異常など，新たな問題が発生している．

b. 湿　地

湿地は水循環の調節・浄化機能をもつだけでなく，数多くの生物が生息する重要な資源である．わが国では，湿地はおもに北海道に存在し，全国の湿地面積の約86％を占めている．明治・大正時代には，全国で2110 km^2 もの湿地が存在していたが，現在では820 km^2 に減少している．このような著しい湿地消滅のおもな原因は，経済活動の進展と高度成長に伴う工業・農業用地の確保，道路建設，宅地開発，空港整備などによるものが多い．湿地の消滅は，わが国だけでなく，世界規模での問題となっており，保全に関する運動が始まっている．

c. 河　川

現在，日本全国に一級河川は13 955ヶ所存在し，二級河川・準用河川の数も合わせるとおよそ35 000あまりの河川がある．しかしながら，河川それぞれが，ダム建設による水辺周辺の生態系の破壊，渇水，水害，内分泌撹乱物質やダイオキシン類による汚染など，多くの問題を抱えている．豊かな水資源を有効に活用するため，また，河川の水環境を改善するため，地方自治体や政府（国土交通省）は，全国の河川

を対象として下記に示すような水環境改善に対する多くの事業を推進している．
(1) 流域の貯水能力の維持・向上
(2) 水の効率的利用
(3) 水質の保全・向上
(4) 水辺環境の向上
(5) 治水・雨水対策，渇水・洪水対策

d．地 下 水

2.1節で述べたとおり，地下水は利用可能な淡水の水資源としては圧倒的な存在量をもつ．しかしながら，これは千年オーダーの循環サイクルをもって涵養されるものであり，人間の活動などによってひとたび問題が生じれば，深刻かつ長期にわたる影響を受ける．

わが国の高度成長期において社会問題となった地盤沈下は，大都市部の水需要の急増に伴い，地下水を大量に汲み上げたことに起因する．1960年代前半以降の地下水採取規制の結果，大都市部における地盤沈下は沈静化しつつあるが，一方で，地下水採取量が減少したことにより，逆に地下水位が回復・上昇し，その結果，地下構造物への漏水，鉄道駅などの冠水，および構造物自体が浮き上がるといった新たな問題が発生している．さらに，工業排水などに含まれるトリクロロエチレンや，家畜糞尿や農作物などが汚染源と推定される硝酸性窒素などによる地下水の汚染が深刻化している．現在，地方自治体においては，地下水質保全に関する条例を制定あるいは改正するなど，地下水質改善に向けた取り組みが積極的に行われている．

また，地下水の塩害は世界規模で深刻な問題となっている．塩害とは，灌漑などにより農地に多量の水を使用すると，土壌に含まれる塩類が溶解した多量の水が土壌中にしみ込むことで地下水の水位を押し上げ，その結果，地表近辺に上昇した塩分濃度の高い水が大地を脆くし，農作物などに悪影響を及ぼすことをいう．

世界中で毎年1000万haにも及ぶ農地が灌漑に伴う塩害によって耕作不能に陥っており，さらに，世界の農耕地の40％，米国の農耕地の25％に塩害による生産性低下の徴候がみられるとされている．塩害の対応策として，灌漑用水の利用制限，作物の根だけに連続して少量の水を落とすドリップ式灌漑の導入，根を深く張る樹木の植林による地下水位の制御，塩分に強い松の植林，さらに品種改良によってつくられた耐塩性の作物や牧草の生育などが検討されているが，世界規模で広がっている塩害を克服することは容易ではない．

2.4 水圏と地球温暖化

a. 温室効果の開始

近年大気中の二酸化炭素濃度が上昇して地球の温度が上昇する，いわゆる"温室効果"が問題となっている．では一体いつから，どのような原理でこの温室効果は始まったのだろうか？ここではこの問題を水の役割を中心に考察してみよう．

46億年前地球の誕生直後には濃厚な原始大気が地球を取り巻いていた．当時の大気組成の大部分は水蒸気で，次に二酸化炭素，窒素である．太陽から入り込んでくるエネルギーはその大気の存在で宇宙への放射が妨げられ，地球表面の温度を上昇させる結果となった．地球表面の水蒸気ガスは，まだ固まらず海のごとく地球表面を覆っているマグマに徐々に溶けこんでいき，大気の量はやがて一定値に到達した．同時に微惑星の衝突も少なくなってくると，地球も大気も徐々に冷却を開始する．その結果，水が気体から液体に変化し，豪雨が集中的に長期間にわたり降りつづけることになり，海が誕生した．

地球は太陽からの距離の関係で，ほかの惑星のように降雨が蒸発したり氷になったりせず，水のまま液体状態で存在している．二酸化炭素などの大気が地球を覆うと，マグマの熱（赤外線）を大気が吸収するようになる．そのため，大気の温度は上昇し，宇宙と地表に赤外線を放射し始めて，"温室効果"が地球において始まったと推察される．

一方，金星のように太陽との距離が小さいと，水は液体ではなく水蒸気として大気中に存在した．水蒸気は温室効果が大きい気体なので海は生成せずますます地表は加熱された．さらに大気中の水蒸気は酸素と水素に分解し，水素は宇宙空間へ，酸素は大気中の硫黄や地表の岩石を酸化し固定化した．一方，火星は小さな惑星であるために重力が小さく大気や水を保持することが困難で，宇宙空間へと移動した．その結果現在の火星の大気はきわめて希薄である．以前は水の存在した可能性も小さいと見なされていたが，最近の火星における谷の観察と大気や土壌分析から，現在では岩石の下に氷の形で永久凍土として閉じ込められていた可能性が指摘されている．

b. 温室効果と水循環

近年の二酸化炭素など温室効果ガスの増加による地球の温暖化はすでに進行しつつあるという見方がある．たとえば過去100年間に地球全体の平均気温は0.6℃程度上昇している．ではこの温室効果により地球の水循環は将来どのように変化するのであろうか，予想してみよ

う．

　温室効果による温度上昇自体は人間にとってそれほど問題ではない．じつはその温度上昇がもたらす間接的な"環境の変化"，とりわけ水循環の変化がその地域に住む人々にとってきわめて深刻なのである．地球規模で気温が上昇すると海水の膨張や氷河などの融解により海面が上昇する．一説によると海面はすでに $10\sim35\,\mathrm{cm}$ 上昇したといわれている．さらに洪水や旱魃など異常気象が頻発し，ひいては自然生態系や生活環境，農業，漁業，林業などへの悪影響が懸念されている．

　たとえば水に関しては以下の点が指摘されている．

　(1) 水不足・水害・乾燥：地球温暖化により乾燥地帯では砂漠化が進行しさらに水不足となるであろう．一方，雨の多い地方では洪水の増加が予想される．このように水の需要と供給のバランスが崩れ水資源の格差が増大し，農業においては水害などによる被害が予想される．

　(2) 水没：沿岸地域では水面上昇により水没，海岸侵食，淡水帯水層へ塩水の浸入が発生する．標高の低い南国の小島やデルタ湿地帯の国では国土の消失と台風・高潮による深刻な影響が予想される．日本では海面が $1\,\mathrm{m}$ 上昇すると人口 410 万人，資産 109 兆円の被害が予想されている．

　地球温暖化の影響は世界的に同じように現れるわけではなく，高緯度地域ほど気温上昇は大きく，降水状況は地域によるその格差が大き

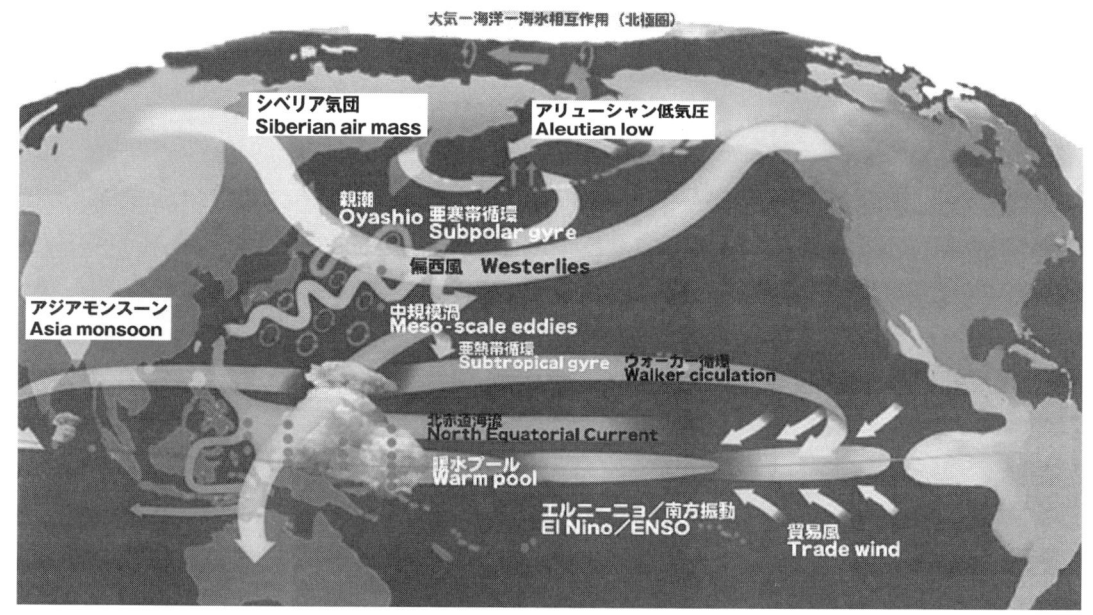

図 2.6　温室効果によってもたらされる北太平洋における大気・海洋変動

くなると言われている．突然の冷害や局所的な異常降雨，異常乾燥などども増加することが予想されている．こうした世界規模の気候変化の予測のために，スーパーコンピュータを用いた気候モデルのシミュレーションが各地の研究機関で活発に行われている．モデルの妥当性や精度など多くの課題をかかえてはいるものの，気候予測の有効な手段として今後の発展が期待されている．

図2.7は海洋観測衛星（TOPEX/Poseidon）が1997年12月10日に観測した太平洋の解析画像である．太平洋のペルー沖に広く分布する白色にみえる部分が異常高温海域を表し，1997年春から続いたエルニーニョ現象が最大規模に達した頃のようすである．淡色の部分は平年値とかわらないことを表し，大西平西部に広く分布する濃い色の部分は平常の海面高度より低い，すなわち温度の低い海域を示している．このように，水の循環は同時に熱の循環でもあり，その変動は全地球に波及し大きな影響をもたらす．地球温暖化が深刻な問題とされるゆえんはそこにある．

エルニーニョ
熱帯域の太平洋に起こる大気海洋現象のこと．エルニーニョが発生すると，エクアドルやペルーの西岸沖の水温が高くなり，さまざまな異常気象が発生するといわれている．

図 2.7　エルニーニョ現象をとらえた衛星画像

土壌圏の環境　3

3.1 土壌圏の環境と汚染

a．土壌圏とは

われわれが毎日生活している地球は，137億年前のビックバンから水素原子ができ，銀河系が形成され，さらに太陽系が生まれるという"宇宙の物質進化"の中ででき上がってきたものである．地球は誕生してから後もさらに進化を続け，土壌が誕生した．土壌は地球の表面にある鉱物や岩石が単に細かくなった物質ではなく，生物の働きがあって初めてできたもである．すなわち，土壌は，地表の無機細屑物がその場の気候，地形，生物との相互作用の中で，時間をかけて独自の形態と機能を獲得したものであり，地球の表面のほんの薄皮部分（厚みを平均すると18 cmほど）にすぎないが，地球上のすべての生物の棲み家を提供している．

普段見すごされがちであるが，土壌はわれわれを取り巻く環境の中でもっとも重要な環境構成要素の一つである．土壌が重要であるのは，土壌が食糧を生産する場になっているからで，そこから生産される食糧が有害物質を含んでいては，われわれに将来はない．有害物質の中には土壌中の微生物によって分解されるものもあるが，分解されず生物体内でむしろ濃縮（生物濃縮）されるもの，親から新生児へとさらに濃縮されるものもある．土壌を有害物質で汚染すると次の世代を脅かすことになる．

土壌は，食糧生産の場であるばかりでなく，健康と生活のための材料として，景観の一部として，種々の物質の分解・浄化の場としても重要な役割を担っている．もし土壌が分解・浄化の能力を失えば，地表は生物の死骸であふれかえり，元素の循環は途絶えてしまうことになる．

b．土壌圏の汚染

土壌圏を汚染する物質の中で，量的にも，また影響の大きさ，深刻さからいっても，もっとも重要な物質は重金属と農薬である．

生物濃縮
化学的に安定な物質が生物に摂取されると，代謝排泄されにくいあるいは生体成分と親和性の高い物質として，生物群集の食物連鎖を通して次第に生体内に高濃度に蓄積される．これを生物濃縮という．HCHやDDTなどはプランクトンで水中濃度の数百倍，魚類や鳥類で数万倍にも達することがある．

重金属
一般に密度が $4.0〜5.0\,\mathrm{g\,cm^{-3}}$ 以上の金属を重金属という．重金属の一部は，動植物に不可欠な必須元素となっている．

腐植
動植物の遺体の大部分は，土壌中の動物や微生物によって最終的に二酸化炭素，水，アンモニアにまで分解されるが，残りの一部は土壌に独特の黒〜褐色で高分子有機物である腐植に変化する．腐植の中心となっている腐植酸（フミン酸）とよばれる物質の平均的な分子量は，数万程度である．

カドミウム
カドミウムが人体に暴露されると，腎障害（カドミウム腎症）を引き起こす．腎再吸収障害，貧血，骨量減少，手足，腰，胸部，背中に刺痛を覚え，最終的に骨軟化症を発症する．肋骨，脊髄，骨盤がひび割れ，昼夜を問わない激痛に「イタイイタイ」と絶叫した富山県神通川流域に多発したイタイイタイ病の原因物質はカドミウムである．

（1）重金属 土壌圏を汚染する重金属にはカドミウムや銅のように陽イオンとして行動するものと，酸素とオキソ酸を形成し，陰イオンとして土壌中を行動するものとがある．土壌は普通，粘土鉱物や腐植の表面荷電を反映して，総体としてマイナス（負）の荷電をもつ．したがって，陽イオンは土壌に引きつけられやすく，反対に陰イオンは土壌から反発されやすい．陽イオンとして土壌中を行動する重金属イオンも，オキソ酸を形成して陰イオンとして土壌中を行動する重金属イオンも，カルシウムイオンやナトリウムイオンのようなイオンとはまったく異なる強い結合状態（内圏錯体）をつくるため，ひとたび重金属イオンによって土壌が汚染されると，除染・修復することがきわめて困難となる．

わが国で定められている土壌汚染に関する法令・規制は，かつて幾度も経験した重金属汚染が原点となっている．たとえば，土壌汚染に関する初の法律となった農用地の土壌の汚染防止等に関する法律（土壌汚染防止法）は，農業用地においてカドミウム，銅，ヒ素とその化合物により農産物が汚染されるのを防ぐことが主眼であった．この法律では対象が農業用地に限定されており，土壌が食糧生産の基盤であるという認識に立ち対策が最優先されたことがうかがえる．土地利用によらないすべての土壌が対象になったのは，ようやく2002年成立の土壌汚染対策法においてであった．

カドミウムはイタイイタイ病の原因物質であり，汚染源は，亜鉛，鉛，銅鉱山の精錬所およびカドミウム使用工場である．微量であってもカドミウムが人体に暴露されると腎臓に障害が発生することから，カドミウムの基準値は玄米中に $1\,\mathrm{mg\,kg^{-1}}$ と定められている．土壌汚

■ **土壌の重金属と土壌の反応** ■

　無機酸の中で，中心原子に結合している原子がすべて酸素であって，酸素の一部または全部に水素が結合した水酸基をつくり，その水素が水溶液中で水素イオンとなって酸を形成するものをオキソ酸という．$XO_m(OH)_n$ あるいは，H_nXO_{m+n} などで表すことができる．

　土壌中の鉱物のうち，土壌中で二次的に生成された鉱物を二次鉱物という．二次鉱物のうちでケイ酸塩鉱物を一般に粘土鉱物とよぶ．粘土鉱物は，層状アルミノシリケイト（アルミニウム八面体層およびケイ素四面体層からなる）で，$10〜1100\,\mathrm{m^2\,g^{-1}}$ 程度の大きな比表面積を示し，土壌中での種々の反応の場となる．

　水溶液中でイオンは水和して，水和イオンを形成する．また，水溶液中ではイオンを吸着する吸着体（媒）も水和している．水和イオンが吸着体へ吸着する際に，吸着体との間に水分子を挟んで吸着する外圏錯体を形成して吸着するイオンと，吸着体との結合が強く水分子をはさまず内圏錯体を形成するイオンとがある．重金属イオンやオキソ酸イオンは土壌粒子と強い結合を示し，内圏錯体を形成することが多い．

染防止法以来さまざまな対策が取られてきたにもかかわらず，この基準値を超えたカドミウムを検出する地域は現在に至っても数多く，いかにわが国ではカドミウムによる汚染が激しいものであるかを物語っている．

　銅は動物にとっても植物にとっても必須元素であり，不足すれば欠乏症，摂取・吸収量が多すぎれば過剰症を引き起こす．過剰の銅は動物組織，とくに脳基底核や肝臓に沈着し，神経症状や肝硬変症が現れる．

　銅の基準値は $0.1\,mol\,L^{-1}$ 塩酸溶液に抽出される銅として，土壌中に $125\,mg\,kg^{-1}$ であり，銅鉱山・精錬所，銅使用工場などがおもな汚染源である．

　ヒ素は微量成分として生物に必要な元素であるが，欠乏症，過剰症を発現する閾値は狭い．ヒ素の汚染源はヒ素，亜鉛鉱山あるいはヒ素農薬であり，高濃度の汚染により人体に被害を与えるほどヒ素を多量に含む農産物が生産されたり，農産物の生育が直接阻害される．ヒ素の基準値は，$1\,mol\,L^{-1}$ 塩酸溶液に抽出されるヒ素として $15\,mg\,kg^{-1}$ である．

（2）農　薬　農用地の土壌の汚染防止等に関する法律および土壌汚染対策法の特定有害物質に定められた農薬，および農薬の詳細については 3.3 節において述べる．ここでは，農薬登録された化学物質が環境中で変化し，変異原性を示す化学物質となる例として，ジフェニルエーテル系水田除草剤の 2,4,6-trichlorophenyl-4-nitrophenyl ether（CNP）について述べる．

　CNP は 1970〜80 年代に水田で土壌処理剤として使用された．土壌に散布した CNP に雑草の幼芽部に接触し，幼芽部に日光が当たると強い害作用が現れる．湛水状態の水田では，CPN のニトロ基は容易に還元されてアミノ基になる．アミノ基をもつ CNP（アミノ体）には

足尾鉱山による汚染

銅は動植物にとって必須元素の一つであるが，過剰に存在すれば，過剰害を発生する．足尾鉱山の銅およびカドミウム汚染は，渡良瀬川下流域の人々の生命を奪い，生活を圧迫した．激しい反対運動は，俗に「公害運動の原点」ともいわれる．政府は洪水防止の名の下に足尾鉱山による渡良瀬川流域の汚染を覆い隠すために渡良瀬川に遊水地（渡良瀬遊水地）をつくり，谷中村を水没させた．

ヒ素中毒

ヒ素は硫ヒ鉄鉱（FeAsS arsenopyrite）をヒ鉱焼窯中で焙焼し，昇華した無水亜ヒ酸蒸気を冷却して凝集させて製造する．宮崎県西臼杵郡高千穂町の岩戸川流域土呂久には慢性ヒ素中毒患者 162 人が認定されている．硫ヒ鉄鉱を濃集する鉱脈を通過する地下水は高濃度のヒ素を含むことが知られており，ヒ素による地下水汚染の原因となる．

CNP

■ カドミウムとコメ ■

　カドミウム汚染対策地域の指定が，土壌中のカドミウムの濃度ではなく，玄米中の濃度で基準値が設定されているのには理由がある．水稲が出穂後急速に吸収したカドミウムを籾に転流させるからである．出穂後 20 日間のうちの乾田日数が増加すると，玄米中のカドミウム濃度は並行して上昇する．これは，水田が乾燥していると，土壌中の硫化カドミウムとして存在していたとみられるカドミウムが硫酸カドミウムとなり，溶解度が高くなって水稲に吸収されやすくなるためと推定されている．籾中のカドミウムは糠に濃集する傾向があるので，白米ではなく玄米中のカドミウム濃度が基準値とされている．非汚染土壌は $0.3〜0.4\,mg\,kg^{-1}$ のカドミウムを含むが，神通川流域の水田土壌は $6.9\,mg\,kg^{-1}$，小坂では $14.5\,mg\,kg^{-1}$ のカドミウムが検出されている．

変異原性が認められ，水道水中のCNP濃度の高い地域の胆道がん（胆のうがん，肝外胆管がん）発症率が高いことが知られている．

さらに，CNP中には，高濃度のダイオキシン類（クロルニトロフェン）が不純物として含まれ，CPNの散布とともに環境中にダイオキシン類が放出されていた．こうしたことから，CNPの農薬登録は1996年に失効し，現在は使用禁止となっている．

（3） **PCB**　ポリ塩化ビフェニル（PCB）は化学的に安定で，酸，アルカリ，水と反応しない，水には不溶で，油脂・有機溶媒によく溶け，低塩素置換体を除いて不燃性である．高温でも金属・合金などを腐食せず，耐熱性にすぐれ，絶縁性がよいなどの特性を示し，トランス油，コンデンサー油などに広く使用されてきた．しかし1968年，北九州を中心に，米ぬかオイルを摂取した人たちに，にきび様発疹，脚の浮腫，唇や爪の着色などの症状が多発し，PCBによって汚染された米ぬかオイルを摂取したためであることが判明した．なお，後の分析により，このPCBには精製時の不純物としてダイオキシン類が含まれていたことがわかった．

その後，魚介類，乳肉食品のほか野菜，果物，コメなどのPCB汚染が報告され，土壌からPCBが吸収された結果であるとみられた．そこで，1972年にPCBの製造が中止された．1971年以前に生産されたPCBについては，使用者による保管が義務づけられており，回収が進められている．

c. 土壌圏汚染の修復

土壌圏を汚染する有害物質を取り除く，あるいは有害物質を分解する修復をレメディエーション（remediation）という．これまで，有害汚染物質の除去には，物理・化学的方法が用いられてきたが，最近は生物を用いた修復，すなわちバイオレメディエーション（bioremediation）が採用されるようになった．バイオレメディエーションのうち，とくに植物を用いた修復をファイトレメディエーション（phytoremediation）とよぶ．

有害物質のうちには，分解できないものと分解できるものがある．分解できない有害物質は，その場で封じ込めるか，何らかの方法で土壌から取り除くかの方法が適用される．たとえば，「土壌汚染対策法」の特定有害物質の一つであるセレンは，それ自体が分解されることはない．数種の高等植物はセレンを特異的に吸収・集積する性質があり，集積植物（accumulator plants）とよばれる．このような，植物あるいは微生物を利用して土壌のセレン汚染を修復する技術が適用され始めている．

PCB
ポリ塩化ビフェニル（polychlorinated biphenyl；PCB）はビフェニルの塩素置換によって製造され，理論的には209種類の化合物が考えられるが，一般には3～6置換体が多い．1929年に初めて工業化された．

セレン集積植物
セレン集積植物は，セレン酸，亜セレン酸を根から吸収して，selenocysta-thionineを合成し，Se-methyl selenocysteine，Se-methyl selenocysteine selenoxideを経てジメチルジセレニド（dimethyl diselenide）として大気中に放出する．また，ある種の土壌中の微生物はセレン酸からジメチルセレニド（dimethyl seleni-de）を生成し，土壌から放出することが知られている．

一方，土壌中で分解可能な有害物質の除去にも，植物や微生物が積極的に利用されるようになっている．たとえば，原位置処理法（in situ bioremediation；掘削などによって土壌を移動せずに汚染物質濃度を低下させる），土壌培養法（land farming；汚染土壌を耕作して処理を行う）などの方法で，土着の微生物の活性を高めたり，分解微生物を接種して処理する技術が用いられ，汚染の除去がなされている．

3.2 食糧と肥料

a．食糧生産と地球規模の元素循環

世界の人口1人あたりの穀物生産量は330 kgで，この数値は世界の全人口に対して十分な栄養を供給できるものである．しかし，2002年の世界の飢餓人口は8億1500万人で，世界の総人口60億の約14％に達している．これは，単純に穀物の生産と需要のアンバランスによって説明されるものではなく，本質的には世界の食糧市場に対して途上国の国民がほとんど関与できないところに原因があるといわれている．

わが国の2001年のコメ（籾）生産は，113 000千tで，ほぼ100％を自給している．しかし，1.24億の人口を抱え，コメ以外のほとんどすべての農産物を諸外国から輸入している．この食糧の輸入は，世界の食糧の需給バランスを乱すばかりでなく，地球の元素循環を大きく揺り動かしている．

わが国の食糧供給システムがすでに地球規模の物質循環に強い影響を与えていることを窒素を例として述べる．1960年にわが国に流入する窒素は，国内農産物＋水産物から77万t，輸入農産物によって11万tで，合計88万tである．このうちの59％にあたる52万tは農業生産に再利用され，これと肥料からの69万tが加わり食糧生産に供される．作物に利用されない窒素は土壌に残存し（61万t程度と見積られる），最終的に環境に負荷を与える．このような土壌中に残存する窒素を計算に入れなければ，環境に直接インパクトを与える窒素は88万t−52万tで36万tであった．

しかし，1982年になると，国内農産物＋水産物に由来する窒素は87万t，輸入農産物からの窒素は1960年の7倍である73万tが流入し，環境に直接負荷を与える窒素は117万tに増加した．この値は，1960年に環境に直接負荷を与える窒素の3倍以上にもなる．輸入農産物は，確実にわが国の窒素循環に影響を与え，水域の富栄養化，地下水

硝酸汚染，大気中の亜酸化窒素の増加の原因となっているとみられている．このように日本人の一見豊かな食生活を支える食糧輸入は，わが国における窒素循環を大きく狂わせているのである．

　土壌は作物生産の基盤であるが，自然条件を無視した作物生産は成立せず，必然的に土壌劣化を引き起こす．人類は，己自身を養うために食糧を永久に作り続けなければならない．それも十分に安いコストで実現しなければならないのである．

　文明の盛衰が，土壌の生産力に基づいていると見破ったのは，CarterとDale (1975) である．彼らは人口増加に伴う無計画な食糧生産が土壌劣化である土壌侵食あるいは塩類集積を引き起こし，作物を持続的に生産することができなくなると文明は滅ぶと結論している．果たして人類はこの貴重な経験を将来に生かしているのであろうか．現在，土壌侵食や塩類集積などの土壌劣化は地球上の土地の15％ (20億ha) で発生している．このような土壌劣化の原因の大部分は人が食糧を得んがために土壌に過度の負荷を与え続けたためであり，食糧1tを輸出すると土壌2tを失うといわれるのは，決して大げさな表現ではないのである．

b．食糧生産と施肥

　作物は養分を吸収して成熟する．作物に吸収される養分はその土地から養分を収奪し，輸出農産物の中に養分をしまいこんで，輸出国へ輸出される．したがって，その土地に養分を肥料の形で戻さなければ，土地の養分は次第に枯渇し，土地の作物生産力は減退する．

　永続的に農業生産を行うために，肥料を畑作物に施用してきた英国のローザムステッド (Rothamsted) 試験場における各種の長期厩肥・化学肥料連用試験からは学ぶことが多い．作物は施用した肥料のすべてを吸収するわけではなく，一部しか吸収できず，その他を環境中に放出することになる．したがって，肥料の連用試験研究は，単に作物に吸収される成分量ばかりでなく，作物を安定的に収穫するために必要な施用量，土壌中に残存する量，大気中に気散する量，土壌水に溶解して排水とともに溶脱する量を明確にするという"元素収支"を決定する重要な役割を担っている．

　ローザムステッドにおける長期試験は，LawesとGilbertが1843年秋に冬コムギを播種，翌年収穫したことから始まり，これまで行ってきた試験研究の試料をすべて保管し，分析を行っている．作物収量は天候などによって左右されるために，天候によらない結果を示すには長期間の試験研究を必要とする．試験の主たる目的はいくつかあるが，イングランドにおいて一般的にコムギ生産に用いている厩肥35t

肥　料
肥料とは，「植物の栄養に供することまたは植物の栽培に資するため土壌に化学的変化をもたらすことを目的として土地にほどこされるものおよび植物の栄養に供することを目的として植物にほどこされるもの」（肥料取締法）をいう．

ha^{-1} 施用に対して化学肥料をどの程度施用すればその収量を達成でき，連続して収量が期待できるのかという課題もその一つである．

1968年までのコムギの輪作収量試験は，休閑/ジャガイモ/コムギ/コムギ/コムギを輪作した条件で，厩肥35 t ha^{-1}（227 kg-N ha^{-1} を意味する）を施用して得たコムギの収量に達するには，P, K, Na, Mg を化学肥料として施用したうえに窒素を96 kg ha^{-1} 施用する必要があった．ところが1968年からコムギの品種を短稈品種 Cappelle に，1979年からは Flanders に，さらに1985年から Brimstone に換え，輪作体系を休閑/ジャガイモ/コムギ/コムギ/コムギ/コムギとすると，35 kg ha^{-1} 厩肥プロットの収量に匹敵するための収量を確保するためには，PKNaMg 施用のほかに96〜144 kg ha^{-1} の窒素施用が必要であった．すなわち，96〜144 kg ha^{-1} の窒素が確実に毎年土壌から何らかの形で失われ，肥料として常に補給しなければならないことが明らかになった．

一方，わが国の農業の基本であるコメの長期堆肥・化学肥料連用試験は，農林省の指定試験として4県の農業試験場において1930年より開始された．青森県農業試験場（黒石市）における連用試験では，1936年以降の堆肥は厩肥を堆積して作製したものを使用したが，リン酸とカリについては，必要量が施用されている．無堆肥・無窒素では，水稲収量は減少し，十数年後から約2.8 t ha^{-1} のほぼ一定の収量となった．堆肥を18 t ha^{-1} 加えると1959年まで年々収量が増加し，4.5 t ha^{-1} ほどにまで達した．この収量に見合うためには，無堆肥の場合は硫安56 kg-N ha^{-1} を施用する必要があった．堆肥を施用している試験区にさらに硫安を加えると，試験を行った範囲内では加えた硫安が多いほど収量が増加した．

また，水稲の吸収した窒素と玄米収量との間には密接な関係があり，玄米収量は吸収した窒素によって左右された．したがって，水稲の長期連用試験においても，水稲の安定した生育・収穫に必要な量と，さらにコメに含まれる人の栄養となる成分量は，毎年溶脱，揮散あるいは収奪される成分量とともに，肥料として土壌に補給しなければならないことが示されている．

安定して食糧を生産するために施肥は必要であるが，作物は一般に施肥量の数十％しか吸収できないし，また過剰に施用しても作物は生育できない．現在，わが国で生産される窒素肥料（1997年）は83万 t-N，リン酸肥料は26.3万 t-P$_2$O$_5$，カリ肥料はほとんど生産されていない．一方，肥料の消費は，窒素肥料が49.4万 t-N，リン酸肥料が59.4万 t-P$_2$O$_5$，カリ肥料が42.2万 t-K$_2$O で，リン酸肥料およびカリ肥料

輪 作
各種の穀類，蔬菜類，飼料作物，緑肥作物などを同一の圃場に一定の順序で繰り返して栽培する方式を輪作という．

の原料のほとんどを輸入している．化学肥料の生産・輸入と大量の食糧輸入の両方からの負荷が，170万t（1992年）の窒素を環境にあふれさせることになっているのである．

c. 施 肥 基 準

1992年にリオデジャネイロで開催された地球環境サミットのアジェンダ21—持続可能な開発のための人類の行動計画— の第4章は，「消費形態の変更」を求めている．資源の枯渇や汚染を未然に防止するために，資源を効率的に使用しなければならない．したがって，農業についても，環境負荷の小さい生産が必然的に求められている．

都道府県はそれぞれの作物に合わせた施肥基準を設けている．また，畜産排泄物については法律に基づいて適正な利用を促進させる方策を講じているにもかかわらず，施肥あるいは畜産排泄物によるとみられる浅層地下水の硝酸汚染が世界中で報告されている．高濃度の硝酸イオン摂取によって発症するメトヘモグロビン血症を防止するために，世界各国は硝酸イオン濃度の上限を $10\,mg\text{-}N\,L^{-1}$ 程度に設定している．

ところが，地域，作目ごとに設定されている現在の施肥基準は環境，とくに大気中に放出された元素が再び大気を経由して農用地に還元してくることを考慮していない．東京都府中市の採草地における窒素循環の研究から，大気由来窒素（アンモニウム態窒素＋硝酸態窒素）の流入が年間 $24.6\,kg\text{-}N\,ha^{-1}$ であり，この値は採草地の年間施肥窒素の15.8％にも達する．さらに，神奈川県津久井郡における窒素循環の研究から，大気由来で流入する窒素（無機態窒素＋有機態窒素）が $34.0\,kg\text{-}N\,ha^{-1}$ で，この地域の採草地の施肥基準である $72\,kg\text{-}N\,ha^{-1}$ のなんと47％にまで達していた．したがって，大気由来の窒素負荷を考慮した新しい施肥基準を早急に設定しなければ窒素飽和（窒素の過剰状態）を引き起こし，生態系に重大な影響を与えると予想される．常に監視を怠らず，モニタリングに基づいて施肥管理を実施する必要がある．

窒素飽和
植物や微生物が同化に必要とする以上の窒素が環境に負荷されると，生態系からの窒素の流出が多くなり，集水域の渓流水中の硝酸イオン濃度が増加する．このような状態を窒素飽和という．

3.3 食糧生産と農薬

a. 農薬の経済的効果

農薬は現代の作物生産には欠かせない．それは日本全体で約4000億円，世界全体では4兆円近い出荷額があることから容易にうかがえる．また，農業の歴史は，雑草や害虫，病気との闘いである．ここでは，農薬の種類や環境への影響，問題点について概説する．

農薬の経済効果は疑いようがない．農薬工業会が行った全国59ヶ所，主要12作物における調査において，農薬を使用しないで栽培した場合，病害虫などの被害による収量や出荷金額がどうなるかが調べられた（図3.1）．被害が比較的少なかったナスやトウモロコシでも収量減少率が28％，水稲で28％，コムギで36％，リンゴやモモにいたっては減収率が97～100％，つまりほとんど収穫できなくなることがわかった．したがって，農薬の功罪についてちまたで議論されることがあるが，現実問題として農薬なしでは，現在のレベルの食糧生産は到底維持できず，数割の規模で減少する．これは世界レベルでみても同様である．

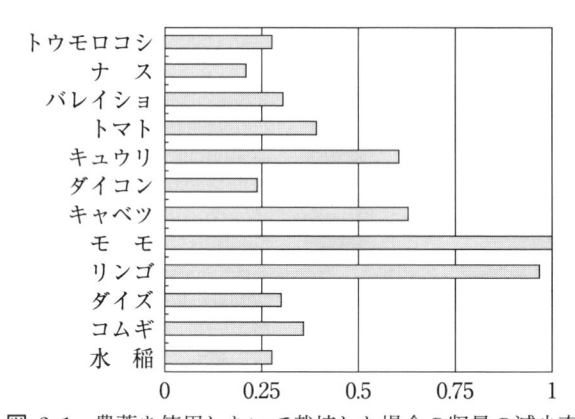

図 3.1 農薬を使用しないで栽培した場合の収量の減少率
［鍬塚昭三，山本広基 編：土と農業，200 p，日本植物防疫協会，1998をもとに作図］

収量の減少以外にも大きな問題点がある．除草剤がなかった頃は，農家の人々は精力的に草取りをしていた．1947年の統計によれば，水田では10 a（1 a＝10 m×10 m）あたりに50.6時間かけて除草をしていた．それが現在では10 aあたりわずか1時間程度（おもに除草剤をまく手間）の除草時間で，この経済効果は全国で1.3兆円と概算される．もし，除草剤を使わずに全国の水田で手取り除草をしようとすると，506時間/ha×170万ha（全国の水田面積）＝8602万時間必要

となる．単純に1日8時間，60日間草抜きを行うと仮定すると，179万人が必要となる．新たな雇用源という考え方もできないでもないが，過酷な草抜きをこれだけ多くの人ができるかどうかは甚だ疑問である．

農薬（pesticides, agricultural chemicals, agrochemicals）は，「農薬取締法」という法律において厳密に定められた物質である．広辞苑の説明がわかりやすいので引用すると，"農業用の薬剤のことで，用途により殺虫剤・殺菌剤・除草剤・植物生長調整剤・殺鼠剤・忌避剤・誘引剤および補助剤としての展着剤など"とある．つまり，農薬とは有用植物を健全に栽培するために用いる薬剤であり，大きく殺虫剤（insecticide），殺菌剤（fungicide），除草剤（herbicide）に分けられ，これらで全体の9割近い売り上げがある．また，農薬は大部分が合成化学物質であるが，生きた（微）生物を有効成分とする（微）生物農薬や天敵も農薬に含まれる．

b．殺　虫　剤

ニカメイチュウ，ウンカ，アブラムシなど非常に多くの種類の昆虫が作物生育を脅かす．殺虫剤はこれら昆虫，つまり害虫の防除に用いられる薬剤で，大きく有機リン系，カーバメート系，合成ピレスロイド系に分けられる．神経系の阻害や脱皮の阻害など昆虫特有の代謝機能を標的に開発される（表3.1）．クロルピクリンや臭化メチルのような燻蒸剤（殺虫殺菌剤ともいわれ，害虫，バクテリア，糸状菌，線虫

> **農薬の定義**
> 「農作物（樹木及び農林産物を含む，以下農作物等という）を害する菌，線虫，ダニ，昆虫，ねずみその他の動植物又はウイルス（以下「病害虫」と総称する）の防除に用いられる殺菌剤，殺虫剤その他の薬剤及び農作物等の生理機能の増進又は抑制に用いられる成長促進剤，発芽抑制剤その他の薬剤」（農薬取締法）

表3.1　農薬のおもな作用機構

	作用機構（作用点）
殺虫剤	神経系の阻害，脱皮の阻害（キチン生合成阻害），呼吸系の阻害
殺菌剤	生体成分（核酸・タンパク質・メラニン・キチン・脂質・エルゴステロール）生合成阻害，呼吸系の阻害，細胞分裂への影響
除草剤	光合成阻害，植物ホルモン作用の撹乱，アミノ酸生合成阻害，わい化・濃緑化，エネルギー産生阻害，脂肪酸生合成阻害

［松中昭一：新農薬学，167 p，ソフトサイエンス社，1998］

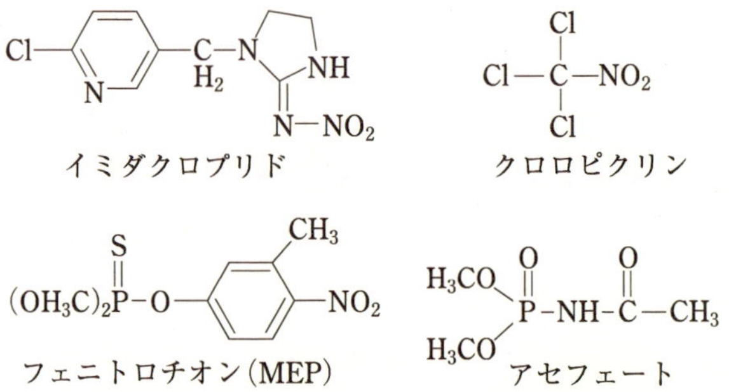

イミダクロプリド　　　　クロロピクリン

フェニトロチオン（MEP）　　　アセフェート

図3.2　日本で使用されている代表的な殺虫剤

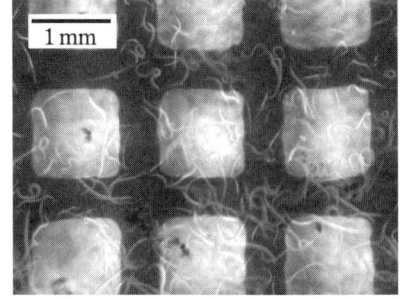

(a) 燻蒸剤施用風景　　(b) 燻蒸剤の主要な標的である線虫

図 3.3

などを非選択的に死滅させる）もこの範疇(はんちゅう)に入る．原体別でみた出荷額では，クロルピクリン，アセフェート，臭化メチル，イミダクロプリド，フェニトロチオンなどが主要な殺虫剤である（図3.2, 3.3）．

臭化メチルは多く用いられていたが，オゾン層を破壊するので2005年1月1日以降全廃された．

c. 殺　菌　剤

いもち病やうどんこ病をはじめわが国では約6000種類もの植物の病気が知られている（表3.2）．アイルランドで1845〜1848年にかけて大発生し，100万人が餓死したとされるジャガイモ疫病はあまりに有名である．

表 3.2　わが国における有用植物の病気とその病原体

ウイルス・ウイロイド	ファイトプラズマ	細菌	菌類	線虫	不明	合計
373 (6.2%)	49 (0.8%)	315 (5.3%)	4360 (73%)	656 (11%)	220 (3.7%)	5973 (100%)

［日本有用植物病名目録より集計］

菌というと真菌類（糸状菌あるいはカビ）を指すことが多いが，糸状菌やバクテリアなどの病原微生物防除に用いられる．植物に病害を引き起こす微生物には糸状菌が多いため，糸状菌を標的にした殺菌剤が量的には圧倒的に多い．

殺菌剤では一部の病原糸状菌に特有なメラニンや細胞壁成分であるキチン合成の阻害をターゲットとする．植物にはなく微生物にしかない経路を選択的に阻害するため，植物やヒトへの影響がきわめて少ない特異性の高い薬剤となる．抗生物質として有名なストレプトマイシンやテトラサイクリンなどは殺菌剤としても実際に使われている．また，19世紀初頭にフランスで使われるようになった銅剤（硫酸銅と石

灰の混合液であるボルドー液が有名) も殺菌剤であり，現在でも 30 億円程度生産されている．マンゼブ，ピロキロン，アゾキシストロビン，ダゾメットなどが売り上げの多い殺菌剤である (図 3.4, 3.5)．

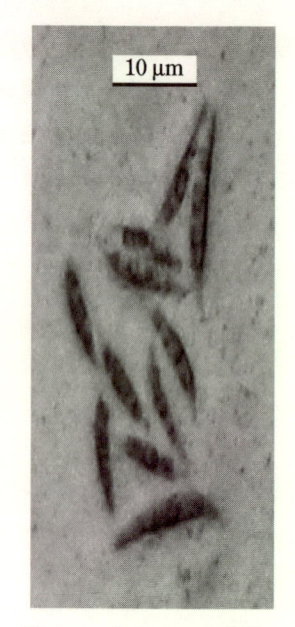

図 3.4 きわめて多犯性の土壌病原菌，フザリウム菌に特徴的な大型分生胞子

図 3.5 日本で使用されている代表的な殺菌剤

d. 除 草 剤

夏の気温が高く雨量の多いわが国では，放置しておくとどこも雑草畑になるほど雑草の生育が盛んである．水田ではノビエやカヤツリグサ，畑ではメヒシバ，アカザ，スズメノカタビラなどが代表的である．

殺虫剤や殺菌剤の標的は昆虫や微生物であり，それらは植物の細胞

図 3.6 日本で使用されている代表的な除草剤

構造や代謝経路と比較すると多くの点で異なることが容易に想像される．その点，除草剤は作物と同じ植物を標的とするため，対象雑草と栽培する作物との間に明確な作用機作の違いがない場合が多い．そのため，除草剤はヒトや動物に対する安全性はきわめて高いが，作物に対する薬害がでやすいとされる．また，この点を克服するために，作物が植えられていないときに散布し，すべての植物を枯らすという除草剤がある（非選択性除草剤：一発処理剤）．

図 3.7 除草剤施用

単一薬剤では一発処理型のグリホサートやグルホシネートの出荷額が高いが，除草剤の場合にはジクワット，パラコート，カフェンストロール・ダイムロン，ベンスルフロンメチルのように複数の有効成分，特にスルホニル尿素系除草剤を混合した剤がよく売られている（図3.6，3.7）．

e．微生物農薬

ウイルス，細菌，糸状菌，原生動物，線虫を"生きた状態"で農薬としての目的で用いるもので，化学農薬に対する批判から，近年関心が高まっている．宿主特異性の高い殺虫性タンパク質を生産する胞子形成細菌（*Bacillus thuringiensis*；BT）を製剤化した微生物殺虫剤が数，量ともに圧倒的に多い．また，有用植物ではなく雑草に感染し枯死させる *Xanthomonas* 属細菌を製剤化した微生物除草剤，非病原性の軟腐病菌を製剤化した微生物殺菌剤など，その他の微生物農薬も登録され始めている．微生物農薬全体の生産額は全体の1％にも満たないが，今後その重要性は増してくると思われる．

微生物農薬の特徴は安全性の高さである．これは，自然界に元々生育していた生物を使うため，自然界に存在しない合成化学物質に比べ安全で環境に優しいと考えられるからである．標的となる雑草や害虫などに対する特異性が高いのも特徴で，これは，たとえば微生物除草剤の場合には，無数の雑草種の中で対象とする雑草のみにしか効果が

特別栽培農産物
無農薬あるいは減農薬，無化学肥料あるいは減化学肥料栽培農産物など，類似した名称についての混乱を避けるため，新たに特別栽培農産物が設定され，化学合成農薬，化学肥料双方を慣行の5割以上減らして栽培された農産物と定義された．

■ **遺伝子組換え作物** ■

非選択的除草剤は，直接接触したすべての植物を枯らすのが特徴であるが，この性質をうまく栽培に利用したのが遺伝子組換え作物である．すなわち，除草剤耐性遺伝子を組み込んだダイズやトウモロコシをその除草剤とあわせて栽培する．また，殺虫性タンパク質生産遺伝子を組み込んだ害虫抵抗性作物も遺伝子組換えにより作成された．これらは，安定した作物生産に大きく貢献すると期待されたが，農薬と同様に，生態系への影響，とくに在来種との交雑が危惧されるため，広くは普及していない．現在では，アメリカ，アルゼンチン，カナダ，中国で世界の総栽培面積の99％を占め，それ以外の国ではほとんど栽培されていないのが現状である．

フェロモン
体内で生産された後に体外に放出され，同種の他個体に特異な行動や発育を引き起こす物質．種内個体間に働く情報伝達物質で，異性を誘引し交尾行動を引き起こす性フェロモン，雌雄に関わらず仲間を呼び集める集合フェロモン，雌が産卵場所に印をつける産卵フェロモンなどがある．

表れないという短所と，その他の対象雑草以外にはきわめて安全という長所の両方を合わせもつ．

f．フェロモン

殺虫剤に限定されるが，今後期待される農薬にフェロモンがある．従来の殺虫剤は害虫を死に至らしめるが，フェロモンは交尾や産卵を抑制し次世代の生息密度を減らす．合成した性フェロモンを圃場全体に充満させ，害虫の雌雄間のコミュニケーションを撹乱させる方法が実際に行われている．また，合成フェロモンを誘引源とするフェロモントラップは特定害虫の発生消長のモニタリングに最適な手段である．フェロモンは同種の個体にしか有効でないという特徴から，クモなどの天敵には無害なため，3.4節に示す総合的有害生物管理の中で注目される手段の一つである．

3.4 農薬の行方と安全性

a．農薬の行方

畑地に散布された農薬は，ある程度は植物表面に付着するが，大部分は風雨によって地表面に落ち，最終的には大部分が土壌に入る．農薬は全般的に土壌に吸着されやすいため，土壌の下層まで浸透していくことは少なく，表層近くで吸着保持され，微生物分解を受ける．また，一部は光により分解したり，大気中に揮散していく．

一方，水田においては，一部が植物体表面に付着し，残りは田面水に入る．また，植物表面の農薬も風雨によって田面水へと入る．水田では浸透水が常時下方へと移動するため，田面水中の農薬はすぐに土壌表面に到達し，大部分が土壌表面に吸着保持されることになる．また，水田では田面水の一部は水路を経由して河川へと流出するので，水の移動と同時に農薬の一部も河川へ流出する．

このように，畑，水田ともに施用された農薬の大部分が土壌に入り，一部は水系へ流出するため，土壌中や水系での残留性，水生生物への毒性が農薬登録のための必須項目となっている．

農薬の残留性には，農薬の分解しやすさが大きく作用する．土壌に添加した農薬が半分に減少する期間（半減期：half life）が1年を超えると，農薬を毎年施用した場合に，土壌中に農薬が施用回数とともに蓄積していくことになるが，半減期が1年を超えない限り，毎年同じ農薬を繰り返し施用しても投下量の2倍を超えることはない．そのため，農薬取締法では半減期が1年を超える農薬は原則として許可されないことになっている．

大部分の農薬は土壌中でおもに微生物によって分解される．分解産物が親化合物よりも毒性が強くなることもありうるので，農薬の分解経路，分解産物の毒性なども合わせて詳細に研究されている．

b. 農薬の毒性

現在登録されている農薬は，殺虫剤では毒物，劇物といった毒性物質に指定される薬剤が半分近く存在するが，殺菌剤・除草剤では毒性物質に指定されている薬剤は10%程度しかなく，多くの農薬が普通物となっている．また，農薬の哺乳動物に対する毒性は他の化学物質に比べてもとくに高いわけではない（表3.3）．

農薬は土壌や植物体に施用するが，これらのごく一部が食品中に検出されることがある．急性毒性はまったく認められないような微量であっても，そうした食品を長期間摂取し続けた場合の影響，つまり慢

毒物, 劇物
わが国の法令では，化学物質を実験動物に経口投与した場合の半数致死量（lethal dose 50；LD_{50}）により以下のように分類している．
毒物：LD_{50} が $30\,mg\,kg^{-1}$ 未満．
劇物：LD_{50} が $30\,mg\,kg^{-1}$ 以上，$300\,mg\,kg^{-1}$ 未満．
普通物：LD_{50} が $300\,mg\,kg^{-1}$ 以上．

表 3.3 急性毒性一覧表（経口 LD_{50}；小さいほど毒性が強い）

	毒性物質	mg kg-体重$^{-1}$
殺虫剤	フェニトロチオン	1030
	イミダクロプリド	98〜44
	アセフェート	480〜1080
燻蒸剤	クロロピクリン	196
殺菌剤	マンゼブ	>5000
	プロメナゾール	2030〜3000
	ピロキロン	740〜1090
	アゾキシストロビン	>5000
	ダゾメット	430〜710
除草剤	グリホサート	>10000
	グルホシネート	436〜1660
	ジクワット	234〜408
	パラコート	223〜360
	カフェンストロール	>5000
	ダイムロン	>5000
	ベンスルフロンメチル	>5000
天然毒素	ボツリヌス毒素（食中毒原因毒）	0.00000032
	破傷風毒素	0.0000017
	テトロドトキシン（フグ毒）	0.0085
	アマニチン（テングダケ毒）	0.3
医薬品	ジギタリス（強心剤）	0.4
	モルヒネ（鎮痛剤）	120〜250
	アスピリン（解熱剤）	400
食品など	ニコチン（タバコ成分）	24
	カプサイシン（トウガラシ辛味）	60〜75
	カフェイン（茶，コーヒー）	174〜192
	ソラニン（バレイショ芽）	450
	食塩	3000

［松中昭一：新農薬学，167 p，ソフトサイエンス社，1998 をもとに作表］

性毒性について評価する必要がある．これには，ラットなどの動物に化学物質を長期間連続投与して発がん性，催奇形性，変異原性などを調べて，一生の間毎日この量を摂取しても健康に影響がない量（これを最大無作用量とよぶ．no observed effect concentration；NOEC）を求める．次いで，このNOECは動物を用いて得られた値であるので，人間と動物との間の種間差を1/10，人間の個人差を1/10と仮定し，全体的に動物の1/100の安全率を掛けて得られた数値，1日許容摂取量（acceptable daily intake；ADI）を求める．

こうして得られたADIが作物や土壌への残留基準を算出する基準値となっている．つまり，作物の場合，施用農薬の濃度がADIを超えないようにその施用量や施用回数が厳密に決定される．日本人が全食品から摂取している各農薬の総量はADIの数％以下であることが明らかにされている．

c．農薬の生態系への影響

農薬は作物生産のために施用されるが，大部分が土壌に残留する．また，一部は地下水，河川，湖沼，海へとたどり着く．そのため，急性毒性や慢性毒性だけでなく，作物，土壌や水系における残留，水生生物への影響などの試験が登録に際して義務づけられている．また，土壌には病原微生物以外にも無数の微生物が存在し，それらが土壌中における炭素や窒素などの元素循環に大きな役割を担っている．そのため，農薬が対象とする生物以外の不特定多数の生物への影響を広く把握するために，土壌や水系の生態影響評価法が開発されつつある．

土壌微生物や土壌微生物機能（呼吸活性，硝化や窒素の無機化）に及ぼすさまざまな農薬の影響をまとめた例では，確かに殺菌剤や燻蒸剤は土壌中の糸状菌数や硝化能を減少させるが，除草剤は顕著な影響が認められない場合が多く，また，殺菌剤のように細菌数をむしろ促

■ 無登録農薬問題 ■

2002年夏に起きた大きな問題である．登録された農薬の安全性は農薬取締法によって十分に保証されているが，登録されていない農薬や登録が失効した農薬が販売された場合の危険性が露呈した事件であった．1987年に登録失効した殺虫剤プリクラトン，2000年に失効した殺菌剤PCNB剤や1989年に失効した殺菌剤ダイホルタンなど，かつては農薬登録されていたものの，催奇形性や発がん性が新たに見つかるなどして登録が失効された農薬が，農家に販売，使用されていたことがわかった．

また，そもそも農薬として登録されていないものが販売されたケース（殺虫剤アバメクチン）もあった．これらの無登録農薬は42都道府県で売られ，廃棄された農作物の損失額は10億円を超えた．

進する場合もある．このように農薬の生態系に及ぼす影響はさまざまであると想定され，今後は生態影響評価が重要となると思われる．

d．今後の農薬

農薬は概して安全であることがわかったが，現実として環境汚染等が存在することも事実である．そのため，これまで農薬一辺倒に偏りがちであった作物生産において，農薬を一つの選択肢としてとらえ，総合的に害虫や病原菌を防除しようとするIPMに関する研究が世界中で進行している．それには，①農薬の適度な使用，②抵抗性品種の活用，③耕種的防除（作期の移動，栽培体系の改善），④生物的防除（微生物，天敵生物，フェロモンなど生物機能を有効に利用する防除）をいかに効率的に組み合わせていくのかが鍵となる．

e．農薬のリスク管理

環境省農薬生態影響評価検討会（第二次中間報告，2002）において，"持続可能な社会の構築を実現する上で，農薬の環境リスクの評価・管理制度の中に実質的に生態系の保全を視野に入れた取組を強化することは喫緊の課題である"とされ，農薬のリスク管理方法が大きく変わろうとしている．具体化できるところから一部でも早く具体化していくことが重要との認識に立って，作物残留および水質汚濁にかかわる登録保留基準値が改定され，より厳しく，つまり安全性がより要求される方向へ進んでいる．

また，農薬の対象生物群のみでなく，生態影響評価法についても改定される．ヒトや特定の動植物に対するリスクは，その個体に対する影響から容易に評価しうるが，生態系に対するリスク評価は大変難しい課題である．たとえば，化学物質により一時的にある種の個体数が減少したとしても，いずれ回復するのであれば問題がないように見受けられる．したがって，影響の大きさと同時に元に戻るかどうかも重要な視点である．また，化学物質が添加されなくても自然界では個体数の変動が絶えず起こっているため，仮に影響がみられたとしてもそれが化学物質による影響なのか自然変動なのか見極めるのも難しい．そもそも，なぜ生態系を保全すべきなのか，守るべきものは生態系の何であるのかなど，コンセンサスが十分に得られていない点が多く残されている．

このように，農薬に関して解決すべき課題は多いが，莫大な利点があるのも事実であり，現実には，想定しうる安全性評価に多くのコストをかけて限りなく100％に近い安全性を保証しつつ，運用がなされている．

総合的有害生物管理
(Integrated Pest Management；IPM)
あらゆる適切な防除手段を相互に矛盾しない形で使用し，"経済的被害許容水準以下"に有害生物の個体群を減少させ，かつその低いレベルに維持するための個体群管理システム．

4 ■生物圏の環境

　本章では，自然環境を生態系として捉えることとする．生態系はそれを構成する種々の生物からなる生物的要素と，空気，水，土，化学物質さらには生態系に入る唯一のエネルギー源である太陽などの非生物的要素から構成されており，生物と環境が相互に依存しあって一定の機能を有している一つのまとまりである．生態系の擾乱の原因には化学物質，オゾン層の破壊，酸性雨，さらには砂漠化などがあるが，ここでは主として化学物質による生態系への影響を考えていくことにする．

4.1 環境分析と精度管理

a．生物モニタリングと化学分析

　本節では化学物質による汚染を対象とした環境の分析について述べる．化学物質による環境への影響の把握は図4.1に示すように分類される．

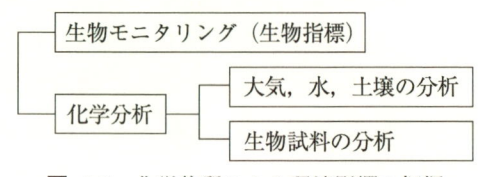

```
         ┌─ 生物モニタリング（生物指標）
         │           ┌─ 大気，水，土壌の分析
         └─ 化学分析 ─┤
                     └─ 生物試料の分析
```

図4.1　化学物質による環境影響の把握

　生物モニタリングは，主として水環境中に生息する生物種の分析により水質を調べようとするものであり，化学物質による長期的な影響を把握しうる利点がある．これは水域に生息する生物種は環境に支配されるということに基づいている．生物モニタリングでは水質を表4.1に示すような4段階に分けている．

　ここではこの4段階の区分を生物指数（biotic index；BI）により求める方法を紹介する．

　生物指標の考え方は"よい条件のところは生物の種類数が多く，条件が偏るほど種類数は減る"という生態学的な原則に基づいて，生物

表 4.1　水質の 4 区分と BI 値

BI 値	内　容
0〜5	強腐水性（ps）：polysaprobic 汚れている
6〜10	中腐水性（αm）：α-mesosaprobic やや汚れている
11〜19	中腐水性（βm）：β-mesosaprobic ややきれい
20〜	貧腐水性（os）：oligosaprobic きれい

の種類数を問題とした指数である．

$$BI = 2A + B$$

ここで，A は汚濁に耐えられない種類数，B は汚濁に耐えられる種類数である．BI が大きいほど水がきれいであることを意味する．

　化学分析の対象は大気，水質，土壌，生物であるが，とくに生物試料の場合は汚染物質が濃縮されている場合も多く，水中で検出できないような低濃度の物質も分析できる利点がある．魚類は脂溶性の化学物質を多く濃縮するし，また貝類は重金属を濃縮する．さらに貝類は移動が少ないので，その地点の重金属による汚染状況を把握できる利点がある．

b．環境分析の実施

　以下，とくに環境分析を実施するにあたり，考慮すべき事項について述べる．

（1）サンプリング　水中の pH や電導度の測定などを除き，ほとんどの環境分析ではサンプリングを行うことになる．サンプリングでは代表性が重要であることはいうまでもないが，とくに環境試料は刻一刻変化しており，二度と同じサンプルを得ることができないことを念頭に置きつつサンプリング計画を立てる必要がある．ここではまず何のために環境分析を行うのかを明確にし，その目的に合うような計画を立てることが大切である．

（2）資料の保存と前処理　サンプリング後，分析を開始するまでには一定の時間を要する例が多い．この場合保存期間中の変質を防ぐために前処理を行う．前処理および保存の方法を次に示す．

① 冷暗所（0〜10℃）に保存し微生物の活動を抑える．
② pH を 2〜3 または 10 に調節し揮散等による逸失を防ぐ．
③ 残留塩素などの酸化性物質が共存するときはアスコルビン酸のような還元剤を加える．

各分析項目と前処理，保存方法については JIS K 0102 工場排水試験方法に詳しく記述されているので参考にされたい．

c．データの信頼性確保

（1）標準物質による管理　分析値の精確さは精度と真度に関係す

る．精度は精密さともいえ，データのばらつきとして表現される．一方，真度とは正確さであり，真の値からの偏りとして表される．通常，環境分析においては真の値は不明であるので，精確さを確保するために標準物質を用いる分析方法が重要となる．

標準物質には，pH 標準液（pH4, 6.8, 7.4 など），標準ガス（たとえば 1 ppm SO_2/窒素など），標準液（たとえば 1 ppm Cd L^{-1} など）などがあり，市販されている．これらの標準物質は国の計量標準供給制度（トレーサビリティ制度）にも基づいており，国家計量標準とつながっている．

また，表 4.2 に示すような標準物質が市販されている．

表 4.2 環境分析用標準物質の例

標準物質	分析対象
海底質標準物質	ブチルスズ，有害金属分析用
褐色森林土標準物質	金属成分分析用
火山灰土壌標準物質	〃
フライアッシュ標準物質	ダイオキシン類分析用
森林土標準物質	〃
土壌標準物質	農薬成分分析用

（2）統計的取扱いによる管理

（i）異常値の棄却検定：ある分析機関が河川水中の鉛の濃度を 12 回測定して以下の値を得た．これらのデータをもとに棄却検定を行ってみる．

得られたデータ(x_i)（$\mu g\ L^{-1}$）

　5.1，5.2，4.9，5.0，5.1，4.2，5.1，5.4，5.2，5.3，5.1，5.0

［手順 1］　データを小さい方から順に並べる．

　4.2，4.9，5.0，5.0，5.1，5.1，5.1，5.1，5.2，5.2，5.3，5.4

［手順 2］　中央値（x_0）を求める．この場合は偶数のデータなので，中央をはさむ二つのデータの算術平均値とする．　　（5.1）

［手順 3］　平均値（x_m）の計算　（5.05）

［手順 4］　平方和（S）を求める．S は個々の測定値と平均値の差の二乗の和，すなわち

$$S = \sum (x_i - x_m)^2 \quad (0.99)$$

［手順 5］　分散（V）を求める．

$$V = \frac{S}{n-1} \quad (0.09)$$

（n：データの数，$n-1$：自由度）

［手順 6］　標準偏差（s）を求める．

$$s = \sqrt{V} \quad (0.30)$$

［手順7］　変動係数（CV）を求める．

$$CV = \frac{s}{x_\mathrm{m}} \quad (0.059)$$

（データによりsの絶対値が異なるため，平均値で割って相対的に表した量）

次に最小値 4.2，また最大値 5.4 が異常値か否かの検定をするため，グラブスの検定統計量 T_min および T_max を次式により求める．

$$T_\mathrm{min} = \frac{x_\mathrm{m} - x_\mathrm{min}}{s} = \frac{5.05 - 4.2}{0.3} = 2.83$$

$$T_\mathrm{max} = \frac{x_\mathrm{max} - x_\mathrm{m}}{s} = \frac{5.4 - 5.05}{0.3} = 1.17$$

T_min および T_max をグラブスの表の値（たとえば危険率5％，$n=12$）の 2.412 と比べたとき T_min は 2.412 より大なため有意となり棄却されるが，T_max は 2.412 より小なため棄却してはならない．

（ⅱ）真度の評価：先に述べたように環境分析においては真の値は不明であるが，標準試料の認証値と得られた分析値の比較により真度を評価することができる．

たとえば認証値（x_c）を 5.26 $\mu\mathrm{g\,L^{-1}}$，棄却検定後の分析の平均値（x_mo）を 5.12 $\mu\mathrm{g\,L^{-1}}$，分析室間でのデータの標準偏差 σ を 0.20 とすると，

$$|x_\mathrm{mo} - x_c| = |5.12 - 5.26| = 0.13$$
$$2\sigma = 0.40$$

したがって $|x_\mathrm{mo} - x_c| < 2\sigma$ であるので，この分析は要求どおりの真度をもっていることが確認できる．

このほか分析精度に関する検定などもあるが，詳しくは専門の書籍を参照されたい．ここではただ単純に平均値を求めるということではなく，このような統計的な解析が必要であることを理解していただきたい．

d．データの解釈

得られたデータをどのように理解するか，何の目的に用いるかは分析の目的により異なる．以下，いくつかの例を示す．

（1）環境は満足できる状態か．

得られた分析値を環境基準と比較する．環境基準とは環境基本法第16条において「人の健康を保護し，および生活環境を保全する上で維持されることが望ましい基準」とあるように，環境基準は許容限度や受認限度という性格のものではなく，行政上の目標値と考えてもよい．

表4.3,表4.4にヒトの健康の保護にかかわる大気と水質のおもな物質または物質群の環境基準値を示す.なお,表4.3中の浮遊粒子状物質とは大気中に浮遊する粒子状物質であって,その粒経が10μm以下をいう.また,光化学オキシダントとはオゾン,パーオキシアセチルナイトレートその他の光化学反応により生成される酸化性物質をいう.

(2) 環境は改善されつつあるのか,それとも汚染がさらに進みつつあるのか.

表 4.3 大気関係の環境基準

(a) 大気汚染にかかわる環境基準

物　質	環境上の条件
二酸化硫黄(SO_2)	1時間値の1日平均値が0.04 ppm以下であり,かつ,1時間値が0.1 ppm以下であること.
一酸化炭素(CO)	1時間値の1日平均値が10 ppm以下であり,かつ,1時間値の8時間平均値が20 ppm以下であること.
浮遊粒子状物質(SPM)	1時間値の1日平均値が0.10 mg m^{-3}以下であり,かつ,1時間値が0.20 mg m^{-3}以下であること.
二酸化窒素(NO_2)	1時間値の1日平均値が0.04 ppmから0.06 ppmまでのゾーン内またはそれ以下であること.
光化学オキシダント(Ox)	1時間値が0.06 ppm以下であること.

(b) 有害大気汚染物質にかかわる環境基準

物　質	環境上の条件
ベンゼン	1年平均値が0.003 mg m^{-3}以下であること.
トリクロロエチレン	1年平均値が0.2 mg m^{-3}以下であること.
テトラクロロエチレン	1年平均値が0.2 mg m^{-3}以下であること.
ジクロロメタン	1年平均値が0.15 mg m^{-3}以下であること.

(c) ダイオキシン類にかかわる環境基準

物　質	環境上の条件
ダイオキシン類	1年平均値が0.6 pg-TEQ m^{-3}以下であること.

表 4.4 水質汚濁にかかる環境基準(健康項目)

項　目	基準値	項　目	基準値
カドミウム	0.01 mg L^{-1}以下	1,1,1-トリクロロエタン	1 mg L^{-1}以下
全シアン	検出されないこと		
鉛	0.01 mg L^{-1}以下	ベンゼン	0.01 mg L^{-1}以下
六価クロム	0.05 mg L^{-1}以下	セレン	0.01 mg L^{-1}以下
ヒ素	0.01 mg L^{-1}以下	硝酸性窒素および亜硝酸性窒素	10 mg L^{-1}以下
総水銀	0.0005 mg L^{-1}以下		
PCB	検出されないこと	フッ素	0.8 mg L^{-1}以下
ジクロロメタン	0.02 mg L^{-1}以下		

これを知るためには同一地点で継続的に分析をし，傾向として捉えることが重要である．天候状態などできるだけ同一とし，データ相互の比較ができるような条件で分析を行う．これにより環境が改善される方向にあるのか，逆に悪化しつつあるのかが判断できる．また過去のデータと比較することにより，大きく異なる値が得られたときにはとくにその原因を把握する必要がある．

かつて神奈川県内の河川でこれまでにない高濃度のダイオキシン類が分析された．最終的には上流のプラントメーカーから排出されたことが確認されたが，このように過去のデータと比較することで種々の知見が得られる．

(3) 環境汚染の状況はヒトの健康や環境生物に対して許容しうるのか．

(1)に述べた環境基準にない物質についてはリスクアセスメントを実施することになる．詳細は5章に述べるが，分析値の生物学的な意味を常に考えることが必要である．

(4) その他

分析方法の選択にあたっては必要とされる感度，精度のほかに，できる限り少量の溶媒を用いる方法，たとえば固相抽出法，水銀などの有害物質を用いない方法などを採択すべきである．分析することで環境を汚染するようなことが決してあってはならない．

4.2 化学物質のヒトの健康への影響

a．毒性試験の概要

わが国においては医薬品を除き，ヒトを実験動物として用いることは許されていない．したがって化学物質のヒトの健康に及ぼす影響の調査には，主としてヒト以外の哺乳動物を用いることになる．これらは試験を行う化学物質の投与経路，投与期間，用いる試験動物，毒性の観察方法などにより表4.5のように整理される．実際の毒性試験は化学物質の用途や試験の目的ごとにこれらの各項目を組み合わせて設計される．なお，OECD（経済協力開発機構）では化学物質のヒトの健康への影響を調べるテストガイドラインを2002年4月現在45種類出版している．これらには哺乳動物を用いるものばかりでなく，微生物や培養細胞を用いるものなどがある．

表4.6に代表的な毒性試験について，その目的，概要，結果の表示法などを示す．

化学物質
本章では人間により合成された化学物質，とくに工業化学物質を対象とする．具体的には染料，溶剤，触媒，写真感光剤，プラスチック添加剤などである．

表 4.5 哺乳動物を用いる毒性試験

化学物質の投与量	化学物質の投与経路	化学物質の投与期間	試験動物	有害な影響の発現	観察項目
(1)大量を一度に投与(急性毒性) (2)微量を長期に投与(亜急性,亜慢性,慢性毒性)	(1)経口:口から飲料水または餌料などとともに投与 (2)経皮:皮膚から吸収させる (3)吸入:エアゾル状にし,鼻から吸収させる	(1)1度または数回に分けて24時間以内に投与 (2)28日 (3)90日 (4)6ヶ月〜2年(生涯)	(1)マウス (2)ラット (3)モルモット,とくに皮膚感作性試験時 (4)ウサギ,とくに皮膚および眼粘膜刺激性試験時 (5)ビーグル犬 (6)アカゲザル	(1)試験動物自身に現れる影響 (2)子孫に現れる影響・催奇形性・生殖毒性	試験の目的により異なる. (1)一般毒性試験:死亡率,体重,摂餌量,挙動,血液学的および血液生化学的項目,臓器の病変の有無 (2)特殊毒性試験:たとえば腫瘍の数,発生時期,奇形の有無など

表 4.6 おもな毒性試験法とその目的,概要および結果の表示法

試験の種類	試験を行う目的	試験法の概要	結果の表示
急性毒性	・事故時などを想定 ・高濃度の化学物質に短期間暴露されるとき生じる健康障害の可能性についての情報を得る ・分類と表示の根拠(毒物,劇物)	経口投与が一般的だが,予想される暴露の形態を考慮して経皮または吸入投与とする場合もある.被験物質を一度にまたは数回に分けて投与し,14日間観察.	・LD_{50} (mg kg-体重$^{-1}$) 半数致死量 ・LC_{50} (mg L^{-1}) 半数致死濃度
亜急性毒性[*1] 亜慢性毒性[*1] 慢性毒性[*1]	・通常の化学物質の使用状態を想定,微量を長期間に摂取したときに明らかに中毒症状を生じる量と中毒症状の認められない量を見出すこと.	経口投与が一般的だが予想される暴露の形態を考慮して経皮または吸入投与とする場合もある.投与量の決定はLD_{50}値などを参考とするが,被験物質の影響が毒性学的にまったく現れない最大量(無作用量),毒性が見いだされる最小量,確実に中毒性病変が発現する量(確実中毒量)を念頭に置いて設定.	・NOEL(無作用量) 対照群と比較して統計的に有意差のない投与量をいう. (mg kg-体重$^{-1}$ day^{-1})
がん原性[*2]	化学物質の発がん性の有無を調べること.	化学物質に対する生体の反応には種差,性差があるため,通常2種以上の両性を用いる.微量を長期(ラットでは24カ月以上)投与.	陽性または陰性.
催奇形性	化学物質の発生に及ぼす影響のうち,胎児の器官形成期に作用して起こす奇形の発生の有無を調べること.	げっ歯類(ラットまたはマウス)と非げっ歯類(ウサギ)からそれぞれ1種以上を用いる.妊娠成立後,ラットでは7〜17日,マウスでは6〜15日,ウサギでは6〜18日に母動物に化学物質を投与し,出産予定日の前日または前々日に帝王切開して胎児について剖検する. ラット 妊娠20日 マウス 〃 18日 ウサギ 〃 29〜30日	催奇形性試験では高用量が用いられるため,奇形の発生が認められたとしても以下の点を考慮して判断することが重要. (1)胎児死亡と奇形についての用量-反応関係. (2)ヒトへの予想される暴露量など.

[*1] 名称の相違は投与期間による.絶対的な定義はないが,一般的には亜急性は1ヶ月程度,亜慢性は3ヶ月程度,慢性は基本的には生涯(ラットで6ヶ月〜2年)の投与期間.

[*2] 発がん性の判定:(1)対照群にみられないタイプの悪性腫瘍がみられたとき.(2)腫瘍が投与群においてより高率に発生したとき.(3)対照群に比し,より多種類の臓器,組織に腫瘍の発生がみられたとき.(4)投与群における腫瘍発生が対照群に比し,より早期にみられた場合.

b．ヒトに対する安全性

　動物を用いて毒性試験を行う目的は，実験動物に対する影響を知ることによりそこからヒトへの有害性を知ることにある．ヒトへの許容量を示す指標として ADI（1日許容摂取量：acceptable daily intake）がある．通常 ADI（mg kg-体重$^{-1}$ day^{-1}）は NOAEL（無毒性量：no observable adverse effect level）から次式により求められる．

$$ADI = NOAEL/10 \times 10$$

　分母の 10×10 は，ヒトと実験動物間の種差，およびヒトの間での個体差があることを考慮し，おのおの10倍の安全率をかけているものである．すなわち ADI は NOAEL の100分の1として算出される．

　また，疫学により化学物質のヒトの健康に及ぼす影響を調べる方法もある．疫学とは疾病，健康状態などを地域別，職業別などに分類した多数の集団を対象とし，その原因などを統計学的に研究する学問である．たとえば，食塩の摂取量の多い地域における高血圧症患者の発生状況，動物性タンパク質の多量摂取と大腸がんの罹患率との関係，そのほか喫煙者における肺がんの発生状況など多くの研究がある．

　基本的には化学物質の安全性は動物実験による事前の評価と疫学による事後の管理から行われねばならない．

c．動物実験に対する批判と対策

　一つは動物実験そのものに対する反対である．現在の科学技術では動物実験データをもとに化学物質の安全性を判断せざるをえないが，これまで述べてきた毒性試験法は動物愛護を考慮して試験法を改正し

■ 発がん性の分類 ■

　IARC（国際がん研究所：International Agency for Research on Cancer）では化学物質の発がん性を次のように分類している（1995年資料による）．ただし，これは発がん性の強さではないことに注意すること．

　　グループ1　：ヒトに対して発がん性あり（69種）
　　　　　　　　アフラトキシン（ピーナッツのカビ中に存在），アスベスト，カドミウム，ベンゼン（ガソリン中に存在），アルコール飲料，タバコの煙，など
　　グループ2A：ヒトに対しておそらく発がん性あり（57種）
　　　　　　　　テトラクロロエチレン（ドライクリーニングの溶剤），ディーゼルエンジンの排気ガス，など
　　グループ2B：ヒトに対して発がん性があるかもしれない（215種）
　　　　　　　　アセトアルデヒド（アルコール飲料の代謝物），クロロホルム（有機塩素系溶剤），など
　　グループ3　：ヒトに対する発がん性については分類できない（458種）
　　グループ4　：ヒトに対しておそらく発がん性がない

■1日耐容摂取量（tolerable daily intake；TDI）■

ADIと同様な考え方で算出するが，ADIは食品添加物，残留農薬などに用いられる．一方，TDIはダイオキシン類などの環境汚染物質に用いられる用語であり，本来摂取すべきではないという前提のもとに，ヒトが一生涯摂取しても耐容されると判断される量である．許容と耐容の違いは，たとえば食品添加物や農薬はヒトの生活に役立っているため許容（acceptable）とし，一方ダイオキシン類はまったく何の役にも立っていないため耐容（tolerable）とすることで表す．ダイオキシン類のTDIは $4\,pg\text{-}TEQ\ kg\text{-}体重^{-1}\,day^{-1}$ 以下である．

てきている．OECDでの議論では動物愛護の対象となる動物とは痛み，苦しみを感じることのできる脊椎動物以上，具体的には魚類以上としている．また，改正の方向は

　①試験に用いる動物の数の減少………………reduce
　②痛み，苦しみをやわらげる工夫……………refine
　③高等動物の組織や構造活性相関の利用……replace

の三つのrの方向である．

　もう一つは，動物実験から得られるデータの解釈への批判である．

(1) ヒトは大きいラットか，ラットは小さいヒトか？

　先に述べたADIの求め方に示したように，たとえば60 kgの人間は300 gのラットよりも200倍も大きいが，毒性の面では10倍も化学物質に対して弱いという立場をとっている．しかし，どんな計算式を用いようと種差は絶対に乗り越えられないという批判がある．

(2) 毒性試験に用いられた動物からすべての症状を読みとれるか？

　たとえば，化学物質に視力を弱める作用があったとき，現在の実験動物を用いた毒性試験結果からはこの作用を見いだすのはほとんど困難といえる．

(3) 相乗毒性を考慮していない

　これは1物質の試験のみでも莫大な金額をを必要とするという費用的な面もあり，複数の物質を異なる混合比でテストを行うことは現実

■閾値のある化学物質とない化学物質■

通常，化学物質の毒性は閾値があるものと考え，NOAEL（無毒性量）を安全係数で割り，ADIやTDIを求めている．しかし発がん性物質（ピーナッツのカビ毒のアフラトキシンB1，ベンゼンなど）は発がんの閾値がないとされている．そこでこの場合にはVSD（実質安全量：virtually safety dose）が求められる．具体的にはヒトに対する有害な影響が実質的に現れないとみなされる量で，その目安として生涯暴露時の有害な影響の発現確率が 10^{-5} または 10^{-6} となるような量が選ばれる．この確率を 10^{-5} とすると，その化学物質の実質安全量に生涯暴露されたとき，日本では年間約20人ががんになるおそれがあることを意味する．

的に不可能である．たとえば化学物質の慢性毒性を知るためには，急性毒性，亜急性毒性（28日），亜慢性毒性（90日）試験を行い，その後に慢性毒性試験（6ヶ月から2年）となる．

これらの費用の合計は1億円近くになる．発がん性試験も同様な手順で行い，約7千万円の費用がかかる．これらの批判に対しては謙虚に耳を傾ける必要もあるが，ここまで再三述べてきたように化学物質の安全性は主として動物実験による事前の評価と事後の管理の両面があってはじめて確保できることを忘れてはならない．

4.3　化学物質の環境生物への影響

ヒトの場合と異なり，化学物質の環境生物への影響を評価する際には，環境中に存在する生物そのものを用いる．

a．環境分布の計算

まずはじめに考慮すべきことは，化学物質が環境に放出されたとき，環境中のどのコンパートメント（圏）に移行するかである．これは化学物質の物理化学的性状データを用いて計算できる．たとえば化学物質の大気コンパートメントと水コンパートメントへの分配は次式により求められる．

$$K_{aw} = \frac{P/RT}{1000\,S/M}$$

ここで，K_{aw} は空気-水分配係数，P は蒸気圧（$Pa = N\,m^{-2}$），R は気体定数（$8.31\,J\,mol^{-1}\,K^{-1}$），$T$ は絶対温度（K），S は水への溶解度（$g\,L^{-1}$），M は分子量である．

たとえばフタル酸-ジ-2-エチルヘキシルは K_{aw} が 4.9×10^{-6} となり，ほとんどが水圏に移行すること，またトリクロロエチレンは 4.0×10^{-1} であり気圏に40％移行すると計算できる．

b．環境内運命の把握

次に各コンパートメント内での変化（これを環境内運命という）を調べることになる．

気圏では光による分解，水圏では光および微生物による分解性が重要となる．また環境中で安定な物質は生物濃縮性の有無も調べる必要がある．とくにこれまで環境問題を引き起こしてきたDDT，PCB，メチル水銀などはいずれも環境中で安定であり，かつ高い生物濃縮性を有している．生物濃縮性は通常魚類を用いて調べられる．濃縮性の大きさは，平衡時における水中の化学物質濃度に対する生物中の化学物質濃度で示す．これを生物濃縮係数（bioconcentration factor；

BCF）という．代表的な環境汚染物質，たとえば PCB，DDT，ヘキサクロロベンゼンなどの生物濃縮係数はいずれも 10^4 以上という高値となっている．

c．生態毒性試験の実施

自然界には多くの生物が存在している．たとえば哺乳類のみでも5 000種，魚類では21 000種余りが知られている．これら多様な種の中で，大部分の化学物質が水圏に移行することから，生態毒性を見積もる試験にはおもに水生生物が用いられている．OECD ガイドラインによって定められた試験法では，食物連鎖上異なる位置にある3種の生物，藻類，ミジンコ，魚類を第一評価に用い，個別の生物種の選定にあたっては実験室で周年飼育が可能なこと，適度な感受性をもつこ

表 4.7 OECD による生態毒性テストガイドラインの概要（初期評価試験用）

藻類成長阻害試験	水系食物連鎖における一次生産者である藻類（単細胞緑藻類）を対象とし，化学物質に72時間暴露した際の藻類の生長，増殖に及ぼす影響を把握． *Selenastrum capricornutum, Scenedesmus subspicatus, Chlorella vulgaris* を用いる．結果の表示：一定時間後の生物量または細胞数を測定し，成長阻害半数影響濃度EC_{50}および NOEC を算出．
ミジンコ急性遊泳阻害試験	水系食物連鎖における一次消費者であるミジンコ（推奨種：*Daphnia magna*）を対象とし，化学物質に48時間暴露した際のミジンコの遊泳に及ぼす影響を把握．結果の表示：24時間，48時間後の行動，生死，異常行動および外見の変化を観察し，遊泳阻害半数影響濃度 EC_{50} を算出．
ミジンコ繁殖試験	水系食物連鎖における一次消費者であるミジンコ（推奨種：*Daphnia magna*）を対象とし，化学物質に21日間暴露した際のミジンコの繁殖に及ぼす影響を把握．結果の表示：親ミジンコの生死と状態，産仔数とその状態，放出卵の有無を観察し，繁殖阻害半数影響濃度 EC_{50}，無影響濃度 NOEC を求める．
魚類急性毒性試験	水系食物連鎖における高次消費者である魚類を対象とし，化学物質に96時間暴露した際の魚類に及ぼす影響を把握．ヒメダカ，ゼブラフィッシュ，ファットヘッドミノー，コイ，グッピー，ブルーギル，ニジマスを用いる．結果の表示：死亡数を測定し，半数致死濃度 LC_{50} を算出．

■ LC_{50} と EC_{50} ■

LC とは lethal concentration の略で致死濃度を，EC とは effect concentration の略で影響濃度を示す．LC または EC の前に48, 96などの数値が通常つくが，これらは暴露の時間を示す．なお50とは半数の意味で，試験に供した生物の半数が死にいたるまたは影響を受けることを示す．魚類ではLCを，ミジンコではECを用いているが，これはミジンコの場合にはただ単に遊泳を阻害されているのか，または死んでいるのかを判断しがたいためである．したがって，ミジンコの心臓停止をきちんと確認している場合にはLCを用いている．

4.4 ダイオキシン類

と，生物的に有用な資源であることなども考慮し，表 4.7 に示す条件を定めている．なお上記の 3 生物以外にも種々の生物を用いるテストガイドラインが出されており，これらは第一次評価で判定が困難なとき，また生産輸入量が増大したときに行われる第二次評価で用いられることが多い．

4.4 ダイオキシン類

通常はダイオキシンとよばれるが，環境問題や安全性の視点からはダイオキシン類というのが正しい．ダイオキシン類とは，ダイオキシン（狭義；ジベンゾ-p-ジオキシンの塩化物），ジベンゾフランの塩素化物およびある種の PCB をひとまとめにしたものを指し，法律でもそのように定義されている．「ある種の PCB」とは 2 つのベンゼン環が平面構造をとっているもの（コプラナー PCB）をいう．

a. 発　生　源

ダイオキシン類問題の最大の特徴は，それらが物質の燃焼時や塩素による漂白時，さらには塩素系有機化合物製造時の副生成物として生成する点にある．1998 年わが国では約 2.9 kg のダイオキシン類が生成したが，その約 90 ％ が一般廃棄物や産業廃棄物の焼却施設から発生したものである．

b. 汚染および被害の歴史

ダイオキシンによる汚染と被害が知られ，報告されるようになるのは第二次世界大戦後である．1957 年にアメリカの中西部や東部地域で鳥の餌に混ぜられた脂肪中に混入したダイオキシン類によるひよこの大量死が起こっている．また，1976 年のイタリアでの農薬工場の爆発事故によるダイオキシンの生成，近隣住民への暴露などがある．

c. ダイオキシン類の毒性の表示

ダイオキシン類は 223 種の化合物の混合物であり，その毒性は塩素の付く位置と塩素の数で大きく異なる．そこでダイオキシン類全体としての毒性を示すためには，分析された各物質ごとに毒性等価係数（TEF）を乗じて換算し，2,3,7,8-テトラクロロジベンゾ[6,e][1,4]ジオキシン（2,3,7,8-TCDD）量としその総和で表す（この数値を毒性当量（TEQ）という）．

ダイオキシン類の毒性については，受容体との結合やアリルヒドロカーボン水酸化酵素（AHH）の誘導と密接に関連していると考えられている．しかし，ダイオキシンについて毒性の情報が得られているのは，2,3,7,8-TCDD が主たるものであり，他の異性体や同属体につ

2,3,7,8-TCDD

1,2,3,7,8-ペンタクロロダイオキシン

1,2,3,4,7,8-ヘキサクロロダイオキシン

2,3,7,8-テトラクロロジベンゾフラン

いては限られた情報しか得られていない．上述の TEF は，おのおのの化合物の受容体との結合能，誘導体および毒性影響を考慮し，2,3,7,8-TCDD との比較のうえで定められたものである．いくつか例をあげると，2,3,7,8-TCDD の TEF は 1（基準），1,2,3,7,8-ペンタクロロダイオキシンは 1, 1,2,3,4,7,8-ヘキサクロロダイオキシンと 2,3,7,8-テトラクロロジベンゾフランが 0.1，などである．TEF が 1/100000 という低毒性の化合物もある．

d. 耐容 1 日摂取量（TDI）の求め方

WHO（世界保健機関）は TDI の算出に体内負荷量という新しい考え方を提案した．これは毒性試験の結果をヒトに当てはめるにあたって，投与量を直接用いるのではなく，体内負荷量（投与量，吸収率，体内の半減期で定められる）に換算して用いる方法である．そのうえで，もっとも低い体内負荷量で毒性がみられた毒性試験の結果に基づいて算出した数値をヒトの最小毒性量とし，この値に不確実係数 10 を適用する．これにより TDI は $1 \sim 4\,pg\text{-}TEQ\,kg^{-1}\,day^{-1}$ と見積もられた．

1999 年にわが国はダイオキシン類対策を総合的に推進するためダイオキシン類対策特別措置法を制定し，排出基準および環境基準を定めた．環境基準の値を表 4.8 に示す．

表 4.8 ダイオキシン類の環境基準

媒 体	環境基準
大 気	$0.6\,pg\text{-}TEQ\,m^{-3}$ 以下
水 質	$1\,pg\text{-}TEQ\,L^{-1}$ 以下
土 壌	$1000\,pg\text{-}TEQ\,g^{-1}$ 以下

4.5 外因性内分泌撹乱化学物質（環境ホルモン）

a. 生物機能への作用

外因性内分泌撹乱化学物質とは，いわゆる「環境ホルモン」とよばれる物質であり，"環境中にあってホルモンに似た働きをする物質" をいう．ホルモンは下垂体，甲状腺副腎，すい臓などの内分泌腺から分泌される少量の化学物質で，血液あるいは体液にのって身体全体に運ばれ，一般的には分泌部位から遠く離れた場所の組織に働いて，成長，分化，発育，生殖機能，糖脂質代謝，神経，免疫系の発育などにかかわっている．したがって環境ホルモンとよばれる物質はこれらの機能に影響を与えることになる．

環境ホルモンは次のような種々の複雑な作用を行う．

（1）ホルモン受容体に結合して同じ作用をするもの（アゴニスト）または作用を抑えるもの（アンタゴニスト）

アゴニストの例としてはビスフェノール A，o,p'-DDT などが，アンタゴニストの例としては p,p'-DDE などがある．

（2）ホルモン受容体に結合せず間接的に作用するもの

これらにはトリブチルスズのようにホルモンの生合成を阻害するもの，ダイオキシン類や PCB のようにホルモン結合タンパク質に作用し甲状腺ホルモンを減少させたり，芳香族炭化水素受容体に結合し代謝酵素を誘導して血中ホルモンを減少させるものなどがある．

内分泌撹乱作用が確認されている，またはその作用が疑われている物質のうち，トリブチルスズ化合物は巻貝の一種であるイボニシのオス化が認められている．このほか，ポリカーボネート樹脂の原料のビスフェノール A，洗剤の原料のノニルフェノールなどが，魚類に対し雌性ホルモン作用をもつ物質として，実験室的には認められている．

b．ヒトや野生生物への影響の例

ヒトへの影響の例として精子数の減少，子宮内膜症，不妊，子宮がんなどが疑われているが，ヒトへの暴露量が正確に把握できないなど不明の点が多く，断定には至っていない．今後は疾病罹患率と暴露評価を組み合わせた疫学調査が必要となる．

野生生物への影響は生殖能の変化として認められる．これらには雄のメス化，生殖能の低下，生殖行動の異常などがある．

4.6 化学物質のリスクアセスメント

a．リスクアセスメント

化学物質のリスクは欄外記事にも示したように hazard と exposure の関数として示される．また，化学物質のリスクにはヒトの健康に及ぼすリスクと環境生物に対するリスクがある．したがってこれらのリスク評価を行うには，ヒトおよび環境生物（生態系への影響の指標となる生物）に対する有害性情報（hazard 情報）が必要である．これらには動物実験による情報，疫学的研究による情報がある．一方，暴露（exposure）とはヒトによる化学物質の摂取量または環境中の濃度と理解される．

したがって化学物質のリスクアセスメントは図4.2に示す手順で行われる．

ビスフェノール A

o,p'-DDT

p,p'-DDE

ハザードとリスク

ハザード（hazard）とは，対象とする化学物質がヒトや環境生物に与える有害な影響をいう．リスク（risk）とは，対象とする化学物質がある暴露条件下（exposure）においてヒトや環境生物に有害な影響を発生させる確率をいう．したがって，

$$\text{risk} = f(\text{exposure} \times \text{hazard})$$

で示される．risk を 0 にするには exposure または hazard を限りなく 0 に近づけることが必要である．

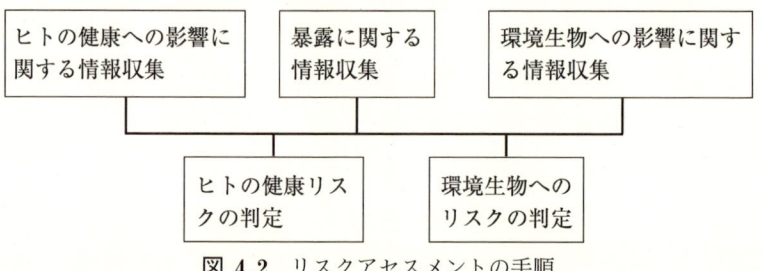

図 4.2 リスクアセスメントの手順

b. フタル酸ジ(2-エチルヘキシル)のリスクアセスメント

フタル酸ジ(2-エチルヘキシル)(別称；フタル酸ジオクチル，フタル酸ビス(2-エチルヘキシル)：DOP，DEHP)は塩化ビニル樹脂の可塑剤として，日本で年間22万t(1999年)用いられている．この化合物の物理化学的性質，ヒトの健康および環境生物への有害性データを表4.9に示す．なお，同表中のオクタノール/水分配係数とは生物濃縮性などの予測に用いられる物理化学的データで，これが大きいほど脂溶性，すなわち生物濃縮性が大きい可能性を示す．

可塑剤
プラスチックに柔軟性を与えるために添加されるもの．これにより軟質フィルムなどを作ることができる．可塑剤についてはフタル酸エステルの他にリン酸エステル，脂肪酸エステルなどが用いられる．

図 4.3 フタル酸ジ(2-エチルヘキシル)の構造

c. リスクアセスメントの実際

以下では，"化学物質の環境リスク評価"環境省(2002)のデータをリスクアセスメントの実例として示す．

(1) ヒトに対する暴露量の推定 ここでは前提として1日の呼吸量を$15\,m^3\,day^{-1}$，飲料水の摂取量を$2\,L\,day^{-1}$，土壌からの暴露量を$0.15\,g\,day^{-1}$，食事からの暴露量を$2000\,g\,day^{-1}$とし，ヒトの体重を50 kgとする．表4.9の平均値のデータをもとに，

① 大気からの暴露量は

$$0.014\,(\mu g\,m^{-3}) \times 15\,(m^3\,day^{-1}) \div 50\,kg = 0.0042\,(\mu g\,kg^{-1}\,day^{-1})$$

② 室内空気からの暴露量は

$$0.22\,(\mu g\,m^{-3}) \times 15\,(m^3\,day^{-1}) \div 50\,kg = 0.066\,(\mu g\,kg^{-1}\,day^{-1})$$

③ 飲料水からの暴露量は

$$0.078\,(\mu g) \times 2\,(L\,day^{-1}) \div 50\,kg = 0.0031\,(\mu g\,kg^{-1}\,day^{-1})$$

④ 地下水からの暴露量は

$$0.3\,(\mu g) \times 2\,(L\,day^{-1}) \div 50\,kg = 0.012\,(\mu g\,kg^{-1}\,day^{-1})\text{未満}$$

表 4.9 フタル酸ジ(2-エチルヘキシル)のリスク評価データ (環境省, 2002)

物理化学的性状	融点	-55℃(常温で液体)
	沸点	386℃(ほとんど蒸発しない)
	比重	0.986(水と同じ程度)
	蒸気圧	2.28×10^{-7} mmHg(ほとんど蒸発しない)
	log オクタノール/水分配係数(P_{ow})	7.74
	解離定数	解離基なし
	水への溶解度	1 mg L^{-1}(25℃)(ほとんど溶けない)
環境内運命	加水分解性	強アルカリ,強酸で分解する
	好気的生分解	良分解性(環境中で微生物により分解される)
	生物濃縮性	約30(生物濃縮係数)
環境中濃度 (1998〜1999年測定データ)	一般環境大気	0.014 μg m^{-3}(平均), 0.034 μg m^{-3}(最大)
	室内空気	0.22 μg m^{-3}(平均), 0.59 μg m^{-3}(最大)
	飲料水	0.078 μg L^{-1}(平均), 0.3 μg L^{-1}(最大)
	地下水	0.3 μg L^{-1}未満
	公共用水域(淡水)	0.3 μg L^{-1}未満(平均), 6.6 μg L^{-1}(最大)
	公共用水域(海水)	0.3 μg L^{-1}未満(平均), 0.4 μg L^{-1}(最大)
	土壌	0.014 μg g^{-1}(平均), 0.34 μg g^{-1}(最大)
	食物	0.14 μg g^{-1}(平均), 1.1 μg g^{-1}(最大)
哺乳動物への毒性	急性毒性(ラット・経口) LD$_{50}$	30 600 mg kg-体重$^{-1}$
	長期毒性(モルモット, 12ヶ月混餌投与) LOAEL*^{1}	19 mg kg-体重$^{-1}$ day^{-1}
	生殖発生毒性(ラット, 13週混餌) NOAEL*^{2}	3.7 mg kg-体重$^{-1}$ day^{-1}
	発がん性	マウスやラットに認められるが,げっ歯類特有のものであり,ヒトへの発がん性はない.
環境生物への毒性	甲殻類(ミジンコ:*Daphnia pulex*) 48 EC$_{50}$	133 μg L^{-1}
	魚類(オオクチバス:*Micropterus Salmoides*) 180 LC$_{50}$	55.7 mg L^{-1}
	甲殻類(オオミジンコ:*Daphnia Magna*) 21日 NOEC	77.7 μg L^{-1}

*^{1} 最少毒性量:lowest observable adverse effect level
*^{2} 無毒性量:no observable adverse effect level
注:LC または EC の前の数値は暴露時間を示す.EC$_{50}$:半数影響濃度,NOEC:無影響濃度

⑤ 公共用水域からの暴露量は

$$0.3\,(\mu g)\times 2\,(L\,day^{-1})\div 50\,kg=0.012\,(\mu g\,kg^{-1}\,day^{-1})\text{未満}$$

⑥ 食物からの暴露量は

$$0.14\,(\mu g\,g^{-1})\times 2000\,(g\,day^{-1})\div 50\,kg=5.6\,(\mu g\,kg^{-1}\,day^{-1})$$

⑦ 土壌からの暴露量は

$$0.014\,(\mu g\,mg^{-1})\times 0.15\,(g\,day^{-1})\div 50\,kg$$
$$=0.000042\,(\mu g\,kg^{-1}\,day^{-1})$$

となる.

上記の計算は表4.9中の平均値を用いたが,同様に表4.9中の最大値を用いて計算する.これらの結果を表4.10に示す.

表 4.10 ヒトの1日暴露量（環境省，2002）

		平均暴露量 ($\mu g\, kg^{-1}\, day^{-1}$)	予測最大量暴露量 ($\mu g\, kg^{-1}\, day^{-1}$)
大　気	一般環境大気	0.0042	0.010
	室内空気	0.066	0.18
水　質	飲料水	0.0031	0.012
	地下水	0.012[*1]	0.012[*1]
	公共用水域・淡水	0.012[*1]	0.064[*2]
食　物		5.6	44
土　壌		0.000042	0.0010
経口暴露量合計		5.603142	44.013
総暴露量	ケース1[*3]	5.669142	44.193
	ケース2[*4]	5.607342	44.023

[*1] 不検出データによる暴露量を示す．総暴露量の算出に用いていない．
[*2] 実測値の 95 パーセンタイル値より算出した値で，総暴露量の算出に用いていない．
[*3] 大気暴露において一般環境大気および室内空気のうち化学物質の濃度が高いもの（ここでは室内空気）に終日暴露されていると仮定して算出したもの．
[*4] 一般環境大気に終日暴露されていると仮定して算出したもの．

パーセンタイル
ある値 P より小さな値の実測値の割合が a% となるとき，P を a パーセンタイルという．

（2）水生生物への暴露濃度　表 4.9 より公共用水域（淡水）では平均 $0.3\,\mu g\, L^{-1}$ 未満，最大 $6.6\,\mu g\, L^{-1}$ 程度，公共用水域（海水）では平均 $0.3\,\mu g\, L^{-1}$ 未満，最大 $0.4\,\mu g\, L^{-1}$ の値を用いる．

（3）ヒトの健康へのリスク評価　種々の動物実験の結果が報告されているが，ここではラットを用いた生殖発生毒性試験で得られた NOAEL $3.7\,mg\, kg^{-1}\, day^{-1}$ のデータを採用する．これは睾丸セルトン細胞の空胞化の発生頻度より求めた値である．すなわちこの実験によると 500 ppm 以上の被験物質を含む飼料を与えた群では上記細胞の変化が認められ，50 ppm 以下では対照群と差がなかった．50 ppm は摂取量として $3.7\,mg\, kg^{-1}\, day^{-1}$ となり，これが無毒性量とされている．

NOAEL から ADI を求めるにあたり，ヒトとラットとの種差を 10，ヒトの個体差を 10 としたアセスメント係数を用いると，

$$\mathrm{ADI} = \mathrm{NOAEL}/10 \times 10 = 3.7\,mg^{-1}\, day^{-1}/100 = 37\,\mu g\, kg^{-1}\, day^{-1}$$

となる．厚生労働省は 2002 年 5 月にラットのこの値とマウスの NOAEL（$14\,mg^{-1}\, day^{-1}$）とから，ADI を幅のある $40\sim140\,\mu g\, kg^{-1}\, day^{-1}$ に決定している．平均的な暴露量は表 4.10 に示したように $5.6\,\mu g\, kg^{-1}\, day^{-1}$，また最大値は $44\,\mu g\, kg^{-1}\, day^{-1}$ であり，前述の ADI と比較すると平均値で ADI の約 1/7 倍，最大値で約 1.2 倍となっていることがわかる．この結果から，さらに詳細な評価を行うことが適切であると

結論される．なお，産業技術総合研究所による詳細リスク評価（2005年1月）では，生殖毒性を含めヒトへの健康リスクは懸念されるレベルにはないと判断している．

(4) 水生生物へのリスク評価　　信頼おけるデータのうち，もっとも強い毒性を与えているデータを用いることにする．これは *Daphnia pulex* の EC_{50} 値 133 $\mu g\, L^{-1}$ であり，EC_{50} 値とは半数影響濃度を示す．この場合はミジンコの遊泳阻害が 133 $\mu g\, L^{-1}$ で起こることを意味する．したがって，予測無影響濃度（PNEC）はアセスメント係数を 1000 とし 0.133 $\mu g\, L^{-1}$ となる．基本的には低い方の値を用いるべきだが，EC_{50} 値からの推定よりも NOEC からのデータを優先してアセスメント係数を 100 とし，PNEC を 0.77 $\mu g\, L^{-1}$ とする．

環境省の水性生物のリスクの判定基準によると，PEC/PNEC の値が，「≦0.1：現時点では作業は必要がない．0.10～1：情報収集に努める必要がある．1＜：詳細な評価を行う候補」となっている．ここでは，公共用水域の PEC/PNEC は，平均値で 0.5，最大値で 8.6 となっている．なお，環境省は，PEC/PNEC として 2.1 を採用している．これらの結果から，この物質は，さらに詳細な評価を行う候補であると結論される（産業技術総合研究所による詳細リスク評価（2005年1月）では，現状汚染レベルにおいて環境中の生物に対して有害な影響を及ぼす可能性はきわめて低いと判断し，リスクは懸念されるレベルにはないと判断している）．

アセスメント係数
安全係数，不確定係数ともいう．生態毒性試験（環境生物への毒性試験）は LC_{50} または EC_{50} のような通常急性毒性値を求めるため，これをアセスメント係数で除して予測無影響濃度（predicted non-observable effect concentration；PNEC）としている．アセスメント係数は，LC または EC_{50} 値を用いるときは 1000，NOEC（non observable effect concentration）を用いるときは 100 とするのが一般的である．

5 ■化学物質総合管理

　人間の生活の基本である衣食住のすべてが，化学物質によって成り立っている．衣生活を支える綿織物の原材料は，植物の綿花から取れる高分子物質である．毛織物や絹織物もそれぞれタンパク質を主成分とする高分子物質で，いずれも化学物質である．

　衣類を洗濯するときに用いられる石けんの歴史も古い．紀元前1000年頃，古代ローマの初期，羊を焼いたときに滴り落ちる油脂と薪が焼けたあとに残る灰が交じり合って，汚れをよく落とす不思議な物ができた．サポー（Sapo）の地でできたその不思議な物は，その地名にちなんでソープ（soap：石けん）とよばれた．このように人類はいろいろな形で化学物質を活用してきたのである．

　一方，狩猟や戦争に毒矢が使われ，王家の争いの中で毒殺されたといった話は，いずれの民族や国にも存在する．このような意図的に毒を使用する場合を除いても，人類は有害な化学物質に接してきた．そしてその過程で，たとえば食べられるきのこと毒のあるきのこを経験的により分けてきたように，有害な化学物質を含む物を扱う方法を身につけてきたのである．

　また，そうした営みは，人類だけではなくほかの生物にもみられる．コアラはユーカリの葉を唯一の食料として生きている．しかし，ユーカリの葉はアルカロイドを含み，多くの生物にとっては有害である．そのことを知っていてコアラ以外の動物はユーカリの葉を食用にすることはない．

　このような危険を回避する行動は本能的なものとは限らない．動物においても，親から子へ，そして群れの中で伝承されていく場合もある．人類の場合には，まさに習得された知見として親から子へ，文化の一つとして広く社会に伝承されてきた．こうして人類は，その益とするところを活かしつつ害とするところを制して，化学物質を適切に扱えるようになってきたのである．

5.1 化学物質管理の社会的仕組み

a．化学物質の取扱い方の規範

　人類は化学物質を適切に取り扱うため各種の社会的仕組みを構築してきた．法律体系の整備もその一つである．故意でも過失でも，化学物質によって人に危害を加えたり財産に損傷を与える行為は刑法の対象であり，また民法に従って損害賠償が請求できる．それだけではなく，毒物劇物取締法によって，毒物や劇物に指定された化学物質については，取り扱いが制限されている．また，化学兵器禁止法によって毒性物質の使用は厳しく規制されている．

　そうした化学物質の取り扱い方に関する全般的な規範に加えて，分野ごとの規範が構築されてきた．医薬品は，飲み薬や塗り薬としてあるいは注射によって体内に取り込まれる．薬による効用と同時に害・副作用も懸念される．医薬品と医薬部外品は薬事法によって規範が定められている．食品添加物も含めて食品の衛生に関しては食品衛生法がある．農薬に関しては農薬取締法，肥料に関しては肥料取締法，飼料に関しては飼料取締法がある．そして，一般家庭で使用される家庭用品に関しては有害物質含有家庭用品規制法がある．

　また，化学物質を事業として扱っている職場も，化学物質との接触の可能性が高く影響をもっとも受けやすい．こうした職場で働く者への影響に関しては，労働安全衛生法が規範を示している．

　これら以外にも，爆発や火災に関する法規として消防法，火薬類取締法，高圧ガス保安法などが，環境に関する法規として大気汚染防止法，水質汚濁防止法，悪臭防止法，土壌汚染対策法，ダイオキシン類対策法，廃棄物処理法，PCB処理法などがある．そして，輸出入にかかわる法規として有害廃棄物輸出入規制法，外国為替及び外国貿易法などがある．さらにオゾン層保護法，フロン回収破壊法などもある．このように，化学物質の取り扱い方に関する法令は多種多様にある．

■ 事前審査制度 ■

　化学物質審査規制法は，一般化学製品に対して製品を市場に出す前に化学物質の特性を評価し，その製品を市場に出すかどうかを確認する制度を創設した．これを事前審査制度あるいは事前評価制度という．科学的知見に基づき論理的に評価することによって，新規化学物質による影響を未然に防止することを目指した制度である．従来，医薬品など一部の製品については事前審査制度が行われていたが，一般化学製品について事前審査制度を適用するのは世界で初めてであった．

法律にはそれぞれ目的がある．そしてその目的を達成するために化学物質の性質のうち一定の特性，たとえば消防法は爆発性や引火性などの特性に着目している．毒物劇物取締法は主として急性毒性に，薬事法や食品衛生法，労働安全衛生法は慢性毒性，繁殖毒性，発がん性などの人に対する有害性にも着目している．オゾン層保護法やフロン回収破壊法は，フロン類によるオゾン層の破壊性に着目している．

人類に認知された化学物質の数は20世紀の後半以降に加速度的に増え，19世紀後半の約1500物質から20世紀末には3000万物質に達している．産業で取り引きされている化学物質の数も大幅に増加し，現在，数万物質から数十万物質と言われている．そして，その用途は多種多様に広がり，産業だけでなく日常生活の中でも化学物質は活用されるようになってきた．このような社会状況の変化によって，医薬品や食品そして農薬といった特定の製品分野だけではなく，一般の化学製品の分野にも新しい社会規範が必要となってきた．そして，労働者の安全と衛生の確保だけではなく，より広い社会の範囲を対象にした規範の必要性が高まった．

1960年代から1970年代にかけて，DDTやPCB（ポリ塩化ビフェニル）が南極や北極の極地域を含めて地球の各地の環境や生物の体内から検出された．DDTには殺虫効果があり，それまで農薬として世界中で広範に使用されていた．これに対してPCBは，熱媒体や絶縁油などとしておもに産業分野で使われていたため，地球上に拡散しているとの認識はなかった．それだけに，PCBが地球の広範な地域から検出されたことは驚きであった．

こうした状況下で，一般化学製品を対象に事前審査制度を盛り込んだ新しい規範として1973年に化学物質審査規制法が制定され，2003年に大幅に改正された．これは，1999年に制定された化学物質管理促進法とともに，化学物質の管理に関する包括的な法律として車の両輪をなすものである．

b. 国際機関の化学物質管理活動

国際機関の役割
国際機関の化学物質管理にかかわる活動は，従来，ILOは労働衛生や労働安全の視点から，WHOは公衆衛生や医薬品の視点から，UNEPは公害・環境の視点から活動してきた．OECDは化学物質による健康影響の未然防止と貿易障害の未然防止を目的に掲げた．

化学物質管理にかかわる国際的活動は，従来，国際労働機関（ILO），世界保健機関（WHO），国連環境計画（UNEP）などで行われてきた．一方，1973年の日本における化学物質審査規制法の制定が一つの転機をもたらした．経済協力開発機構（OECD）が化学物質に関する活動を本格的に開始したのである．化学物質にかかわる事柄を安全や環境の問題として捉えるだけでなく，事前審査制度がもたらす貿易障害の可能性にも着目した点が，他の国際機関と異なる大きな特徴である．

日本の化学物質審査規制法の制定を契機に，各国においても一般化

学製品を対象とした事前評価（審査）が制度化されるようになった．そのため，各国が異なる考え方に基づく事前評価制度を制定した場合，各国の評価の違いによって貿易障害がもたらされることが懸念された．そこで，OECDは個々の化学物質だけでなく，化学物質の評価や管理に関する方法論の確立や制度の枠組みについて協議し，その統一を目指した．

また，国際連合は10年ごとに公害や環境を主題に世界的な会合を開催している．第1回は1972年にスウェーデンのストックホルムで人間環境会議として開催され，課題は1960年代から先進各国で顕在化した公害の克服であった．第2回は1982年に同じくストックホルムで人間環境会議として開催され，課題は公害克服から環境保全に広がった．そして，第3回は1992年にブラジルのリオデジャネイロで環境開発会議（UNCED）として開催され，第4回は2002年に南アフリカのヨハネスブルグで持続可能な発展に関する世界首脳会議（WSSD）として開催された．

第3回のUNCEDでは持続可能な発展（Sustainable Development）の理念が提起された．そして，環境の保全や安全の確保と経済社会の開発との両立を目指して，公害の加害者・原因者と公害の被害者という"対立の構図"から脱却し，産業界，労働界，学界，市民，政府，地方自治体など社会の構成員がともに協力する"共生の構図"の考え方が生まれた．また，"法律規制"のみならず社会の各構成員が自主的，自発的に行う"自主管理"の重要性も指摘された．さらに気候変動枠組条約，生物多様性条約などが決議されるとともに，アジェンダ21が採択された．

アジェンダ21には各国や各国際機関などが実行すべき行動計画が規定されている．その中でアジェンダ21第19章は有害化学物質の適正な管理に全章がさかれている．それは，1970年代以降にOECDをはじめILO，WHO，UNEPなどの国際機関で行われてきた化学物質の管理に関する活動を集大成したものである．いわば化学物質管理国

アジェンダ21第19章の実施体制

アジェンダ21全体の実施を促進する体制として国際連合に持続的発展委員会（CSD）が設置された．第19章については，1994年にストックホルムで政府，国際機関およびNGO（産業界，労働界，学界，市民団体など）によって，化学物質の安全に関する政府間フォーラム（IFCS）が組織された．また，IFCSのもと，OECDとILO，WHO，UNEPに加え，食糧農業機関（FAO），工業開発機関（UNIDO），訓練調査研修所（UNITAR）などの国際連合の機関が参加して，化学物質の適正な管理のための組織間プログラム（IOMC）が組織され，連携の強化が図られた．これによって化学物質管理に関する国際的な体制は整備された．

■ **OECDの初期の活動** ■

OECDは化学物質の評価を行うための科学的方法論の確立と統一を目指して，テストガイドライン（TG），優良試験所規範（GLP），そして上市前最小安全性評価項目（MPD）を策定した．TGによって化学物質の物理化学特性，分解・蓄積性，人への毒性，環境生物への毒性などに関する多数の試験方法が世界的に統一された．GLPによって試験機関の信頼性の確保のために必要は試験機関の運営のあり方や試験操作手順などが統一された．そして，MPDによって化学物質を市場に出す前に行う事前評価の項目の統一が図られた．

表 5.1 アジェンダ 21 第 19 章の課題例

プログラム領域	具体的課題例
A プログラム領域	・ハザード情報の収集とリスク評価の強化 ・ハザードの作用機構の解明と評価方法の開発・共通化 ・評価（審査）結果の相互受け入れの促進
B プログラム領域	・国際的に統一された分類・表示システムの開発
C プログラム領域	・化学物質のハザードなどに関する情報交換の促進 ・PIC 制度の実施と強化
D プログラム領域	・ライフサイクルを考慮した広範囲なリスク削減のための取り組み（代替技術の開発，表示，使用制限など）の促進 ・レスポンシブルケア活動といった自主管理活動など規制以外の手法の活用
E プログラム領域	・化学物質の適性管理のための各国の行動計画の策定や国家組織の充実
F プログラム領域	・有害で危険な製品の不法な輸出入を防止するための能力の強化 ・有害で危険な製品の不法な取引に関する情報の交換の促進

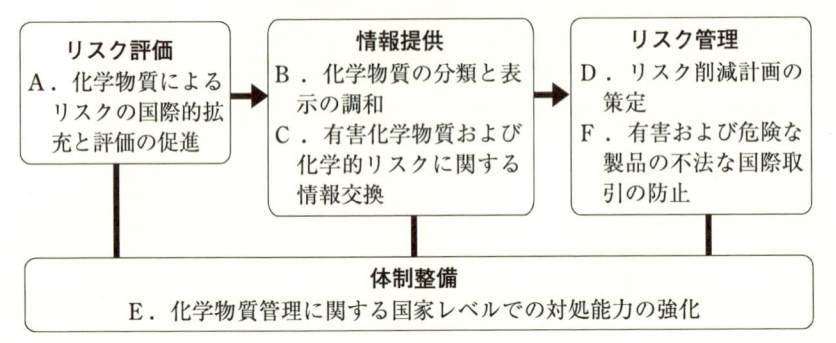

図 5.1 アジェンダ 21 第 19 章の構造

際行動計画であり，これを基礎に各国と国際機関は体系的な活動を行っている（表 5.1，図 5.1）．

第 4 回の WSSD においては，アジェンダ 21 第 19 章に関する各国，国際機関の約束を再確認するとともに，具体的には 2000 年に策定されたバイア宣言と優先行動計画を実施していくことが確認された．そして，WSSD で採択された実施文書で，透明性のある科学的根拠に基づくリスク管理手順を用いて，人の健康と環境に与える悪影響をできるだけ減らしたうえでの化学物質の使用を 2020 年までに達成することを宣言した．

c．化学物質管理の国際行動計画

アジェンダ 21 第 19 章は，化学物質の環境とのかかわりにとどまらず労働安全や製品安全などの分野も広く視野におき，化学物質管理の全体を捉えている．アジェンダ 21 第 19 章はいわば化学物質管理国際

行動計画として，化学物質の管理のために取り組むべき数十に及ぶ課題を掲げた．それらは六つの領域（AからF）に分類されている（図5.1参照）．そして6つの領域は，リスク評価から始まって情報提供，リスク管理そして内外の体制整備にいたる流れに沿って体系的に整理されている．そこで，その後のバイア宣言や優先行動計画も踏まえてそれらの領域ごとに主要な課題を見てみよう．

A領域は化学物質がもたらすリスクの国際的評価の拡充と促進を目標に掲げ，既存化学物質のリスク評価の強化を目指している．そして，2004年までに数千物質のハザード評価を終了することを課題とした．加えて，内分泌撹乱性や免疫毒性などについての評価方法の原則を2004年までに確立することを目指した（図5.2）．

B領域は化学物質の分類と表示を統一することを目標としている．遅れていた化学物質の分類と表示に関する世界調和システム（Global Harmonization System of Classification and Labeling of Chemicals；GHS）の作業を完成させ，それを前提に2008年までにGHSを完全実施することを課題とした．

C領域は有害化学物質および化学的リスクに関する情報の交換を目標とし，化学物質安全性データシート（Material Safety Data Sheet；MSDS）を2004年までに交換することを課題に掲げた．また，事前通報承認制度（PIC制度）を条約化したロッテルダム条約の早期発効を課題に掲げた．

D領域はリスク削減計画の策定を目標に掲げた．そして，さまざまな手法を用いてリスクを除去・削減することを課題とした．さらに，OECDの論議を念頭に国際リスク削減計画の策定や自主管理の促進，化学物質の生産・使用にかかわる技術の革新と代替化学物質の開発などが掲げられた．また，2004年までに残留性有機汚染物質（POPs）の

GHS
爆発，引火，発火，自己反応，自然発火，水反応可燃，酸化，金属腐食などの物理化学的特性や急性毒性，刺激性，感作性，変異原性，発がん性，生殖毒性などの生物学的特性について，科学的なデータに基づく分類の基準を世界的に統一する．そして，その分類基準に基づき分類された化学物質の表示の仕方を統一する．さらに，すべての国連用語で用語を統一する．

MSDS
化学製品の取り引きの時に化学物質の生産者から使用者へと順次，当事者の間で交付される．MSDSには，事業者の氏名，住所などや化学物質の名称，適用法規に加えて，物理化学的特性や危険性，人や環境生物への有害性などの特性，および運送，廃棄，取り扱い，保管に際しての注意，さらに救急時，漏出時，暴露時の措置などを記載する．最近は，SDS（safety data sheet）ともよばれる．

■ **化学物質の安全に関する政府間フォーラム（IFCS）の活動** ■

第1回IFCSではアジェンダ21第19章に対応する実施行動計画を策定した．1997年にオタワで開催された第2回IFCSでは，実施行動計画の実施状況を確認しつつ，有害化学物質の貿易に関する事前通報承認（Prior Informed Consent；PIC）制度の条約化の促進，残留性有機汚染物質（Persistent Organic Pollutants；POPs）の全廃に向けた国際的な合意の形成，汚染物質排出移動登録（Pollutant Release and Transfer Register；PRTR）制度の各国への普及促進，化学物質の分類と表示の調整，既存化学物質の点検の継続，内分泌撹乱作用に関する研究の促進などを論じた．そして，2000年にはブラジルのバイア州サルバドールで第3回IFCSを開催し，バイア宣言を採択するとともに，第19章の中から2000年以降取り組みを強化すべき事項を抽出して優先行動計画を勧告した．

既存化学物質のリスク評価
実施行動計画では2002年までに500物質の評価を終了することを掲げOECDの高生産量化学物質(HPV)評価活動を中心に行われた．優先行動計画では2004年までに，OECDにおいて追加の1000物質の評価を実施するとともに，産業界(ICCA：国際化学工業協会協議会)の参画によりさらに1000物質の評価を終了することを目指している．これとは別に米国HPVによって2800物質を目標に評価が行われている．

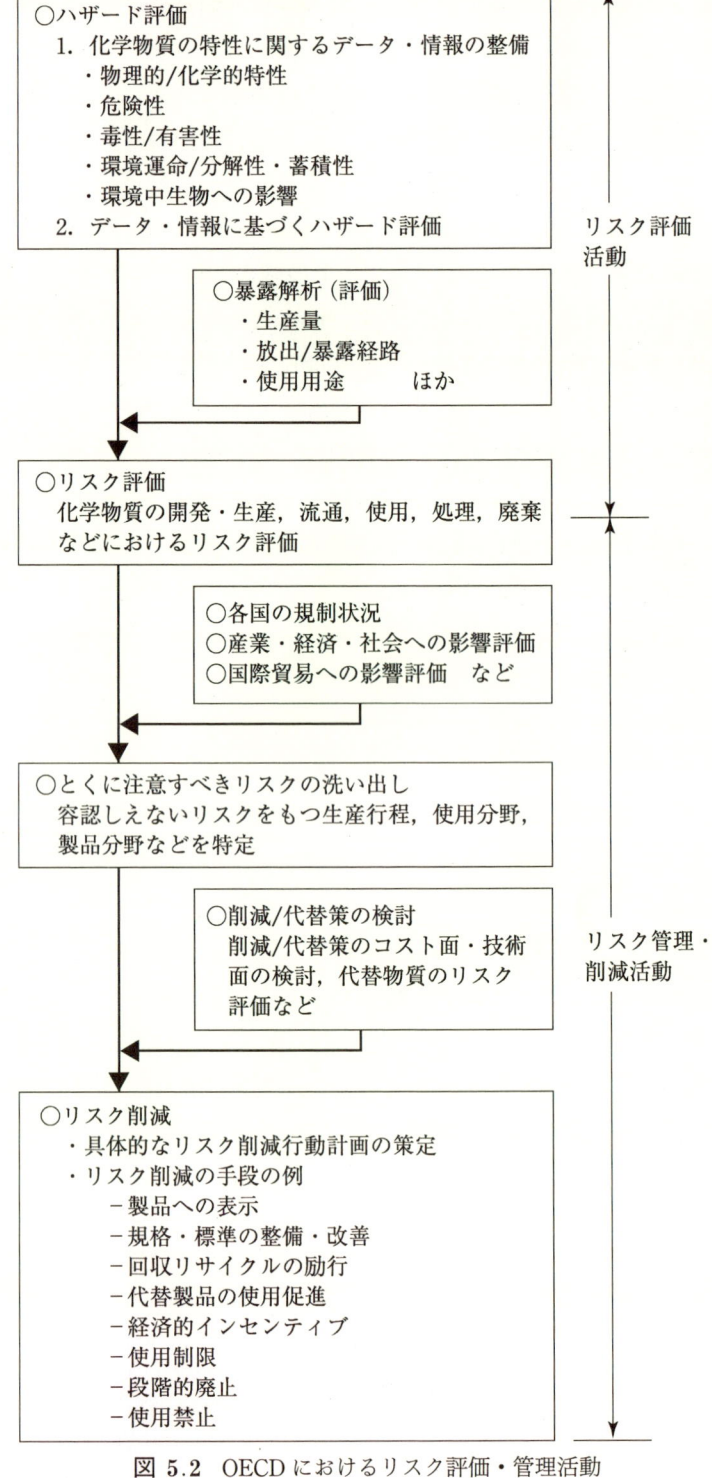

```
○ハザード評価
  1. 化学物質の特性に関するデータ・情報の整備
     ・物理的/化学的特性
     ・危険性
     ・毒性/有害性
     ・環境運命/分解性・蓄積性
     ・環境中生物への影響
  2. データ・情報に基づくハザード評価

       ○暴露解析（評価）
        ・生産量
        ・放出/暴露経路
        ・使用用途   ほか

○リスク評価
  化学物質の開発・生産，流通，使用，処理，廃棄
  などにおけるリスク評価

       ○各国の規制状況
       ○産業・経済・社会への影響評価
       ○国際貿易への影響評価   など

○とくに注意すべきリスクの洗い出し
  容認しえないリスクをもつ生産行程，使用分野，
  製品分野などを特定

       ○削減/代替策の検討
        削減/代替策のコスト面・技術
        面の検討，代替物質のリスク
        評価など

○リスク削減
  ・具体的なリスク削減行動計画の策定
  ・リスク削減の手段の例
     －製品への表示
     －規格・標準の整備・改善
     －回収リサイクルの励行
     －代替製品の使用促進
     －経済的インセンティブ
     －使用制限
     －段階的廃止
     －使用禁止
```

（上段：リスク評価活動／下段：リスク管理・削減活動）

図 5.2　OECDにおけるリスク評価・管理活動

規制や処理を規定したストックホルム条約の発効やPRTR制度の実施などを課題とした．

　E領域は各国の化学物質管理に関する能力と体制の強化を目標に掲

■ PIC 制度とロッテルダム条約 ■

1989 年に有害化学物質を輸出する際に事前に相手国政府に通報し承認を求める（Prior Informed Consent；PIC）制度がロンドンガイドラインとして UNEP で採択された．このガイドラインは紳士協定であったが，1998 年にロッテルダムにおいて「国際貿易の対象となる特定の有害な化学物質及び駆除剤についての事前のかつ情報に基づく同意の手続きに関する条約」へと発展した．日本においては 1992 年以来，輸出貿易管理令に基づき輸出承認制度を行っている．

■ POPs とストックホルム条約 ■

2001 年に制定されたストックホルム条約は，28 年前に制定された日本の化学物質審査規制法と内容が類似している．すなわち，難分解性，蓄積性，長距離移動性そして毒性がある残留性有機汚染物質（Persistent Organic Pollutants；POPs）から人の健康と環境を保護するため，新規の POPs の製造・使用の防止とアルドリン，ディルドリン，クロルデン，PCB などの既存の POPs の製造・使用・輸出入を原則禁止するとともに適正に処理することなどを規定した．DDT については，マラリア対策との関連で，原則禁止ではなく制限とされた．

げ，国家的組織の充実，法律体系の整備，人材の育成を課題としている．化学産業界が世界的に実施しているレスポンシブルケアという自主管理活動に言及しつつ，2005 年までに各国が化学物質の管理に関する国家戦略や行動計画を整備することを課題とした．

F 領域はロッテルダム条約やストックホルム条約の早期実施に加えて，有害で危険な製品の不法な国際取引を規制する国家戦略の策定を規定した．

5.2 化学物質総合管理の基本的考え方と方法

化学物質総合管理はリスク原則に従って行われる．リスク原則とは，化学物質の固有の特性であるハザード（有害性）にその化学物質に暴露（エクスポージャー）する程度を加味して実際のリスク（危険性）を評価し，そのリスク評価に基づいてリスク管理を行っていくという考え方である．化学物質を開発・生産・使用・廃棄する全ライフサイクルにわたって，その影響を未然に防止しながら化学物質を活用していくためには，科学的知見に基づいて論理的に考え，事前にリスクを評価し管理するリスク原則による活動が不可欠である（図 5.3）．

a．リスク評価

化学物質は融点，沸点といった物理化学的な特性，分解性，蓄積性といった特性，短期毒性，長期毒性，遺伝毒性そして環境中生物への毒性などのハザードに関する特性をもっている．すべての化学物質はこうした固有の特性をもち，それらの特性は科学的手法によって一義

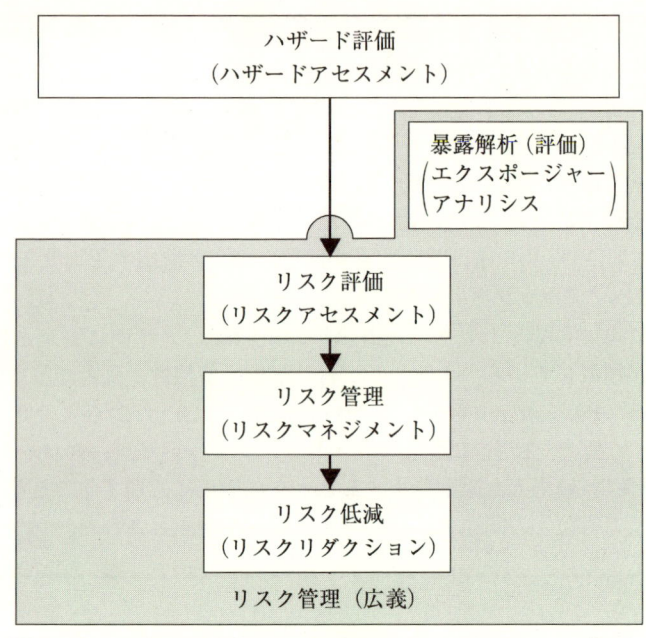

```
          ┌─────────────────────┐
          │   ハザード評価      │
          │（ハザードアセスメント）│
          └──────────┬──────────┘
                     │      ┌──────────────────┐
                     │      │ 暴露解析（評価）  │
                     │      │（エクスポージャー）│
                     │      │   アナリシス      │
                     │      └────────┬─────────┘
  ┌──────────────────▼───────────────▼──────────┐
  │         ┌─────────────────────┐              │
  │         │   リスク評価        │              │
  │         │（リスクアセスメント）│              │
  │         └──────────┬──────────┘              │
  │         ┌──────────▼──────────┐              │
  │         │   リスク管理        │              │
  │         │（リスクマネジメント）│              │
  │         └──────────┬──────────┘              │
  │         ┌──────────▼──────────┐              │
  │         │   リスク低減        │              │
  │         │（リスクリダクション）│              │
  │         └─────────────────────┘              │
  │                   リスク管理（広義）         │
  └──────────────────────────────────────────────┘
```

図 5.3　化学物質総合管理の全体像（リスク評価とリスク管理）

的に決定される．ハザードは TG（テストガイドライン）にのっとり GLP（優良試験所規範）に従って試験する限り，他のすべての特性とまったく同様に科学的に一義的に決まる固有の特性である．

　ハザード評価では，毒性試験などによって投与量と生物の反応との関係を整理し，量・反応曲線（Dose-Response 曲線）を描き，閾値を割り出す．閾値はその生物にその化学物質が影響を及ぼさない境目の量（最大無作用量）である．発がん性については近年新たな論議があるが，従来は閾値がないとされてきた．このため，影響が十分低く実質的に安全と見なすことができる量（実質安全量）を設定する．そして，試験生物を使った毒性試験のほか，労働衛生などに関する疫学調査の結果も重要な指標となる．

　一方，暴露は千差万別である．化学物質の用途によって暴露の可能性のある対象は変化する．熱媒体や絶縁油として使用される PCB に通常の生活の中で暴露することは考えにくい．工場で熱媒体や絶縁油を製造したり，これらを使用してトランスなどの機器を生産したり保守したりする際に，暴露する可能性はある．また，複写のために用いる紙に PCB が使われれば生活者も直接暴露する可能性がでてくる．PCB による環境汚染が進めば，さらに幅広く多くの人々が PCB に暴露する可能性が増す．また，工場の作業条件ひとつで，あるいは家庭における取り扱い方ひとつで暴露の情況は大きく変わる．このように，暴露は生産・輸送・使用・廃棄などの形態によって千差万別であ

る．本来熱媒体として閉鎖環境の中で使われていたPCBが，装置の故障によって食品である米糠油に混入してしまったカネミ油症の場合などは特異な暴露の例である．

暴露解析（評価）はそれぞれの場面に応じて行われる．化学物質の製造，使用の現場であれば，生産量・使用量，製造プロセスや操作手順などを踏まえて解析する．生活用品であればその使用形態や使用頻度などを踏まえて解析する．こうした直接暴露と違って環境経由の間接暴露の場合には，生産量・使用量，用途などから環境中への排出量を解析しつつ，化学物質の物理化学的特性や，分解性，蓄積性といった特性による環境中での動きの影響も加味して解析する．そこで，モニタリングによる実測値は有力な指標となる．

このように，暴露解析によって作業者や生活者あるいは環境中生物が，その化学物質を摂取する量を決定する．化学物質の摂取には，経口（口から食物や飲料ともに消化管に入りそこから体内に入る），経皮（皮膚への接触によって体内に入る），吸入（呼吸によって肺から体内に入る）などいろいろな経路がある．このため，摂取量は一義的に決まるものではなく，それぞれの状況や場面によって異なる．

リスク評価はハザード評価と暴露解析を照合して行う．暴露解析から得られた摂取量とハザード評価から得られた最大無作用量あるいは実質安全量とを比較する．そして，不確実性の程度に応じ，10倍から数千倍の安全率を加味して許容限界を設定する．この許容限界と摂取量の比較考量によってリスク評価をする．

暴露情況が多様であるため，普通は暴露の可能性が高い場合に視点を絞ってリスク評価は行われる．中間体や産業用資材として利用される化学物質であれば作業者に対するリスク評価の視点が重要であり，家庭用洗剤であれば作業者だけでなく生活者に対するリスク評価の視点も必要となる．さらに，使用された洗剤が家庭排水とともに排出されることを念頭に置けば，環境中生物に対するリスク評価の視点も必要となる．このようにリスク評価は，どの視点からどのような対象を評価するかが重要となる．視点と対象の選定もリスク評価の一環であって，かつ，それによってリスク評価の内容は異なってくる．

b．リスク管理

リスク評価を踏まえてリスク管理を行う．そして，摂取量が許容限界を超えている場合には，安全率が加味されていることに留意しながらすぐにリスク削減の措置を講じる．摂取量が許容限界以下であっても許容限界に近いときには，未然防止の観点から適切な対処をする．こうして，常に許容限界と摂取量に適切な余裕が保たれるように管理

リスク評価・管理の視点

化学物質による影響に対する社会の関心は経験や科学的知見の増大によって歴史とともに拡大してきた．労働現場における作業者の直接的暴露，製品を介した生活者の直接的暴露などの直接影響から，化学物質による環境汚染の結果食物連鎖などを介して市民が間接的に暴露する間接影響まで視点は拡大してきた．さらに，人の健康への影響に加えて1980年代以降，環境生物への影響や地球環境など必ずしも生物に直接かかわらない環境への影響まで，化学物質の評価や管理の視点はさらに拡大している．

大気汚染物質の自主管理計画

1990年代に大気中に排出されている化学物質を「大気汚染防止法」により排出規制する論議が出た。しかし，法律により規制する水準のリスクは見いだされず規制は見送られた。一方，ベンゼン，ジクロロメタンなどの12の大気汚染物質について77の事業者団体が自主管理計画を策定し自主的に排出削減を行った。その結果，第1期計画（1997～99年度）では41％の削減実績を上げ，さらに第2期計画（2001～03年度）ではさらに40％排出を削減することを目標としている。

する．

　どのような措置をするかは，削減すべきリスクの程度と内容によって決まってくる．化学物質の固有の特性であるハザードを人為的に変えることはできないので，通常は暴露条件を制御し暴露量を削減することによってリスクを低減させる．リスク削減のためにとる手段はさまざまである．工場などで作業者への暴露量を削減するには，マスクの着用，換気の強化，製造工程の改善などいろいろな方法がある．生活用品による暴露量を削減する方法としては，取り扱い表示の適正化，分類や標準の活用，用途制限などがある．環境への排出量を削減するためには，運転条件の改善，排気・排水処理施設の強化，製造行程の改善，回収・リサイクルの強化などが必要である．

　これらの措置で十分にリスク削減が図れない場合には，その化学物質の使用制限，段階的廃止，使用禁止などを検討する．ほかの方法がないときには，代替技術や代替物質を開発することが必要となる．ここで気をつけなければいけないのは，代替物質の開発に際してはハザード評価も含めたリスク評価の検証が必要になることである．いろいろな視点からリスク評価を行いながら，代替物質を開発するのは簡単ではない．

　リスク管理を確実にさらに効率的に行うことは，関係者のためのコスト削減というだけでなく，社会にとって資源の浪費を防ぐ意味でも重要である．したがって，リスク削減のための手段を考えるにあたっては，リスク削減にいかに効果的であるかという観点と同時に，いかに効率的であるかという観点も重要である．

　リスク管理を効果的かつ効率的に推進するためには，現場のリスクの実態を把握しリスク管理に創意工夫をすることのできる関係者の自発的な活動が不可欠である．化学物質総合管理において，リスク原則に基づいた自主管理が重要な役割を担っている．近年，大気汚染物質の排出量が自主管理によって大幅に削減された実例などによって，自主管理が化学物質総合管理において効果的かつ効率的な方法であることが示された．

　また，化学物質総合管理をリスク原則に沿って進めていくうえで，ハザード情報を把握することは前提条件である．一方，化学物質は開発・生産から使用・廃棄に至るまで多段階にわたって多くの関係者がかかわっている．したがって，これらの関係者を繋ぎ連携の輪を創り出すことによって，化学物質のハザード情報など特性に関する情報を共有することが重要である．そのため，化学物質の取り引きに際して関係者の間で化学物質の特性に関する情報を提供する仕組みとして，

MSDS（化学物質安全性データシート）という制度が構築された．社会全体としても効果的かつ効率的にリスク管理を進めるうえで中核となる仕組みである．

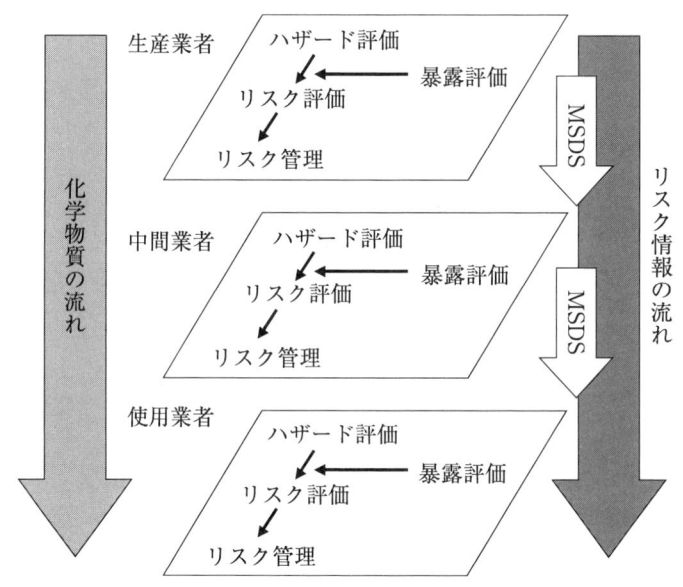

図 5.4 化学物質総合管理の枠組みとハザード情報の流れ

5.3 化学物質総合管理を支える法律体系

　化学物質審査規制法と化学物質管理促進法とでは，その生い立ちは異なる．前者は規制法として，後者は自主管理の促進法として成立した．しかし，現時点でこれら二つの法律をみると，化学物質総合管理に基本的な枠組みを提供し自主管理を支える規範として位置づけることができる．この二つの法律は化学物質総合管理の車の両輪をなす．

　化学物質総合管理は，科学的知見に基づいて論理的に考えることによって化学物質による影響を未然に防ぐことを根幹としている．化学物質審査規制法は未然防止の基礎となる科学的知見を関係者が事前に収集・取得するための規範を示している．化学物質管理促進法は，こうして取得した科学的知見を関係者の間で共有し有効に活用するための連携のあり方の規範を示している．さらに，事後的に化学物質の排出に関する科学的知見を把握して自主管理を促進するための規範を提供している．

a．化学物質審査規制法

　1973 年に化学物質審査規制法が制定され，一般化学製品について事前審査制度が構築された．2003 年末までの事前審査の届出は 8548 件

に達している．

　化学物質審査規制法が対象にした視点は，毒物劇物取締法をはじめとするそれまでの法体系が念頭に置いていなかった環境経由による人の健康への影響であった．化学物質の直接暴露によって作業者や生活者が影響を受ける場合ではなく，化学製品が開発・生産され使用・廃棄されていく過程で化学物質が環境中に排出される場合を対象とした．そして，環境中に残留した化学物質が食物連鎖などを介して人に暴露して人の健康に影響をもたらす間接暴露の可能性に着目した．難分解性，高蓄積性，長期毒性といった特性がある化学物質は，第1種特定化学物質として規制される．PCBは第1種特定化学物質に指定された第1号である．2003年末でPCB，アルドリン，DDT，クロルデン類など13物質が指定されている．

　こうした視点から事前評価を行うため，化学物質の物理化学的特性に加えて環境中での挙動を知るための分解性や蓄積性といった科学的知見，そして人の健康への影響を知るための長期毒性に関する科学的知見を必要とした．このためこれらの科学的知見を得るための試験方法を策定した．とくに，分解性と蓄積性に関する試験方法は日本が世界に先駆けて開発し，OECDのTG（テストガイドライン）として採用されている．

　1986年の化学物質審査規制法の改正は，環境中に残留した化学物質が必ずしも食物連鎖を介さずに人の健康に影響をもたらす可能性に着目した．この結果，蓄積性の要件をはずし，難分解性で長期毒性があるが蓄積性は弱い化学物質を第2種特定化学物質とする制度ができた．また，長期毒性について疑いがある化学物質を指定化学物質とする制度もできた．2003年末でトリクロロエチレン，四塩化炭素，トリフェニルスズ化合物，トリブチルスズ（TBT）化合物など23物質が第2種特定化学物質に指定され，765物質が指定化学物質になった．

　2003年に化学物質審査規制法は大幅に改正された．改正の趣旨は以下に述べる三つの柱からなっているが，いずれも，リスク原則に基づく化学物質総合管理の考え方に沿うものである．

　第1の柱は，化学物質審査規制法の中でリスク原則の考え方を強化したことである．化学物質審査規制法は制定時期が早かったこともあり，その後の国際的な論議やレギュラトリー・サイエンスの進展から見ると，相対的にハザード評価に比重をおいた事前審査制度になっていた．今回の改正では暴露解析をこれまで以上に重視し，暴露の可能性が低い新規化学物質については事前審査の届出の対象から除外した．たとえば，中間体，閉鎖系用途など環境放出の可能性がきわめて

レギュラトリー・サイエンス
化学物質総合管理にかかわる条約，法律，自主管理などの規範（regulation）は，科学的知見と科学的方法論からなる科学の進展に依拠しつつ，相互に作用しながら展開している．

低い用途の化学物質や輸出専用の化学物質などがこれにあたる．また，蓄積性の低い新規化学物質に関しては，10 t 程度までの量であれば，広い地域に残留して暴露する可能性はきわめて低いため，既存の科学的知見を越えた毒性データの提出は不要とされた．

第2の柱は，自主管理の流れに沿って事業者の役割を強化したことである．従来，1973年の化学物質審査規制法の制定時点で既に産業的に生産・使用されていた化学物質は既存化学物質として分類され，事前審査制度の対象外とされた．そして，政府がハザード試験を実施しており，分解性・蓄積性については2000年末までに1410物質について点検が行われてきた．今回の改正では，分解性が低く，蓄積性の高い既存化学物質でリスクが懸念される化学物質について，長期毒性を含むハザードに関する調査を関係者が行うこととなった．

また，新規化学物質の評価の見直しや既存化学物質の評価に資するため，化学物質審査規制法の評価項目にあたる新たなハザード情報を入手した場合には，政府とその情報の共有化を図るとともに，政府と連携して既存化学物質のハザード評価などを計画的に行うこととなった．

第3の柱は，化学物質審査規制法の視点を人の健康への影響に加えて環境中生物への影響にまで拡大したことである．このため，環境中生物への影響に関する科学的知見が事前評価に必要となる．それにはOECDのTG（テストガイドライン）に規定されている藻類，ミジンコ，魚類を使った三つの試験方法で得られる科学的知見が目安となる．合わせて難分解で生物への影響が懸念される化学物質に対して，第3種監視化学物質の制度が設けられた．

こうした改正によって，化学物質審査規制法は化学物質総合管理の流れに沿う法律へと変貌を遂げつつある．化学物質審査規制法は，自主管理と連携を取りながら，リスク原則に沿って化学物質の影響を未然防止するべく，適切にリスク管理していくために必要な科学的知見に基づき論理的に思考することによって化学物質の影響を評価していく規範を提供している．

b．化学物質管理促進法

化学物質管理促進法は，MSDS制度とPRTR制度という二つの制度の枠組みを示すことによって自主管理を促すための法律である．二つの制度はもともと1992年に自主管理として始まった仕組みであるが，化学物質管理促進法によってより広範な人々がかかわる社会の普遍的な制度となった．また，この法律によって定められたMSDS制度は，435物質を対象に化学物質の取り引きに際してハザードに関する

情報を MSDS という形で提供する制度であり，化学物質総合管理の背骨をなす基本的な仕組みである．PRTR 制度は 354 物質を対象に化学物質の排出量と移動量を把握し自ら化学物質の管理状況を検証することによって，自主的なリスク管理の努力をより適切なものに改善していくことを目指している．

つまり，化学物質審査規制法が市場に出回る前の新規化学物質を評価し事前に管理しようとするのに対して，化学物質管理促進法はすでに生産され使用されている化学物質について実際の情況を把握し事後管理を促進するものである．この意味で化学物質審査規制法と化学物質管理促進法は対をなすものである．

化学物質審査規制法は化学物質が化学製品として市場に出ることを想定している．対象になる化学物質は化学製品の形態になるものに限定される．一方，PRTR 制度の対象は化学製品の形態をとる化学物質だけではない．大気，公共用水域，土壌などに排出される化学物質や廃棄物処分場などで処理される化学物質も含まれる．排出される化学物質は，必ずしも意図的に生産されるものだけではない．結果として生成される化学物質も対象になる．2002 年度の実績では，届出事業者からの排出量は 29 万 t で前年度に比べて 2 万 t 減少した．移動量は 22 万 t とほぼ横ばいであった．

対象となる事業者も，化学物質審査規制法では新規化学物質を開発・生産する化学企業や化学製品の輸入者に限られているが，化学物質管理促進法では既存化学物質を生産している者，さらに使用している関係者も含まれ，化学物質の開発・生産から使用・廃棄に至るまで多くの業種の関係者に及ぶ．加えて，非意図的に生成される化学物質も対象になるので，その範囲はさらに大学やゴミ焼却場などにも広がる．ちなみに，2002 年度には 35 000 に近い事業場にのぼった．

法律制度の視野は化学物質管理促進法の制定によって，化学製品からすべての化学物質へ，化学物質のライフサイクルの開発・生産段階からすべての段階へ，化学企業からすべての関係者へと，大きく翼が広がった．

化学物質総合管理は自主管理を柱としつつ，化学物質審査規制法が示す事前評価制度と PRTR 制度が示す事後管理制度，そしてその間をつなぐ MSDS 制度が示す情報提供制度によって，基本的な枠組みを整えつつある．

6 グリーンケミストリー

6.1 グリーンケミストリーとは何か

a. 化学の栄光と陰

現代社会において，化学はわれわれ人類の発展に大きく貢献してきた．

さまざまな抗生物質が開発され，これにより数千年来不治の病とされてきた難病から人類は救われた．その結果，人類の平均寿命はここ100年で約2倍近くにまで延びている．化学合成，とくに有機合成化学の貢献なくしては，抗生物質の開発はありえなかった．

また，食料の安定供給に果たしている農薬・肥料の進歩も見逃すことはできない．現在，少なくとも先進諸国では食料は十分に供給され，たとえば日本では，"過食"や"飽食"といった時代を反映する流行語すら登場している．多くのすぐれた農薬や肥料が化学の力によって作り出され，さまざまな害虫から農作物を守り，あるいは多様な環境下での農作物の生育を助けた結果，現在のような食料の安定供給が達成されている．

さらには，われわれの身のまわりに存在し，生活をより便利に，そして潤いを与えてくれているプラスチックや液晶，繊維なども，その多くが化学の力を借りて世の中に登場してきている．

これらの人類の生命にかかわる薬，食料，さらには，われわれの生活を助けるさまざまな物質は，まさしく近代文明の根幹を支えているものであり，これらの開発や発明に大きな原動力となったのは化学である．その意味でこれらはまさに"化学の栄光"とよぶに相応しい．

一方で，化学には"陰"の部分があることも事実である．化学の力によって，人類の役に立つさまざまな物質が作り出されてきたが，同時に，過去に公害を引き起こし，また，環境汚染の原因の一つになったことも否定できない．

b. 人間中心から人間と環境の調和への転換

それでは，化学の"光"の部分と"陰"の部分のどちらが多いかと

いえば，それは圧倒的に"光"の部分である．ところが一般社会で化学は，現在の快適な生活をもたらした"ヒーロー"として受け入れられているというより，"化学＝公害の源"などとむしろ"陰"の部分が強調され，ともすると"悪役"にされてしまうことすらある．

ここには，社会全体の"環境"に対する考え方の変化がある．ひと昔前までは，人間が中心であり，人間にとってプラスかマイナスかによって価値判断がなされてきた．これに対して近年は，一つの事象について人間と地球環境の双方にとってのプラス面とマイナス面を考え，そのトータルでその事象自体を評価する，そのような価値基準が広く用いられるようになってきている．

c．人間や環境の共存

化学は，人間や環境にとってプラスに作用する場合もあるが同時にマイナスに作用する場合もある．従来は，人間にとって都合のよいプラスの面だけに目を向け強調し，マイナスの面は無視する，あるいは対策を講じてもその場しのぎの一時的なもので済ませてしまったかもしれない．しかし，このようなことを続けていると，そのときはそのプラスの面を謳歌することができても，いつかはできなくなってしまう．そこで"持続可能な社会"という考え方が出てきた．われわれは自分たちの世代だけではなく，子孫の世代のこと，子孫の世代の社会のことも考えなくてはいけない．

命題は，人間や環境にとってのプラスの作用のすべてあるいは大半を保持したまま，マイナスの作用をいかに減らすかである．この命題は，化学のみならずすべてのサイエンスに課せられているものである．しかしすべてのサイエンスの中で，化学がこの命題をクリアするための一番重要な位置にあることは明らかである．化学なら，化学者なら，この命題を解決することができる．

マイナスの作用は，小手先の解決策ではなく，元から断ち切るような方策を講じる．たとえば，かつて引き起こされた公害や環境汚染の

■ 持続可能な社会 ■

環境は，人間を含む地球上のすべての生物の存続の基盤でありその活動の前提であるが，その環境は決して無限のものではない．物質が大気，水，土壌，生物などの間を循環し，生態系が精緻な均衡を保つことによって初めて成り立っている環境は，ともするとそのバランスを崩し，破壊されてしまう．そのような環境を，われわれの世代だけではなく，子孫の世代も含めて共通の財産と考え，現世代は，環境を良好な状態に保全し，また，環境全体を自然系として健全に維持していくことが責務であると考える．"持続可能な社会"を形成していくことは，グリーンケミストリーの基本である．

原因は，現代化学の急速な発展によって解明されてきた．今なら，公害や環境汚染をある程度予測して未然に防止することができる．

このように，人類や環境にとってマイナスの作用を未然に防ぎ，持続可能な社会へ貢献していく化学が"グリーンケミストリー"である．

6.2 グリーンケミストリーの基本的な考え方

Anastasらは，1997年，"グリーンケミストリーの12原則"を提唱した．グリーンケミストリーの基本的な考え方を反映したもので，以下にその概要をあげる．

(1) 廃棄物は，出してから処理するのではなく，出さないことをよしとする．
(2) 使った原料は最大限生成物に取り込まれるように工夫する．
(3) 合成方法は，人と環境に対して毒性の少ない物質を用い，人と環境に対して毒性の少ない生成物をつくるように設計する．
(4) 化学製品は，その機能や効用は損なわず，毒性を下げるように設計する．
(5) 溶媒，分離剤などの反応補助物質は，可能な限り使わないか，仮に使っても無害なものを用いる．
(6) エネルギー消費は，環境や経済への影響を配慮して最小にする．たとえば，合成は常圧下室温で行い，無駄なエネルギーは使わないようにする．
(7) 原料は，技術的・経済的に可能な限り，枯渇性資源ではなく再生可能な資源から得る．
(8) 合成を行う際，保護基の着脱や一時的な修飾など，反応分子の不要な変換はなるべく避ける．
(9) 量論反応ではなく，触媒反応を良しとする．とくに，選択的な触媒反応を目指す．
(10) 使用後に環境中に残らず，分解するような製品を設計する．
(11) 化学プロセスをリアルタイムでモニターし，有害物質の生成を事前に察知し制御するためのプロセス計測技術を開発する．
(12) 化学プロセスに用いる物質は，爆発や火災といった化学事故に極力つながりにくい物質を選択する．

6.3 グリーンケミストリーの根幹をなす入口処理とアトム・エコノミー

a. 廃棄物の入口処理

化学合成では，目的物以外は不要であるから，100％の化学収率，選択収率を達成しない限りどうしても廃棄物が出てしまう．これまでは，廃棄物は出てから専門知識をもった化学者が処理をすればよい，と考えられてきた．実際，廃棄物として処理しなければならないほとんどの化学物質は，人類や環境に害を与えない形で処理することが可能である．

一方で，産業界はもとより大学の研究室などでも，廃棄物を処理するための手間やコストがますます増大している．グリーンケミストリーでは，廃棄物について一歩進んだ予防の考え方を取り入れて，出た廃棄物の処理を考えるのではなく（出口処理），廃棄物をなるべく出さない原料や反応経路の設計を行い，廃棄物ゼロを目指す（入口処理）．

b. 原料を無駄にしない合成

これまでの有機合成において，高い収率が望まれていたことはいうまでもないが，その"収率"は一つの原料から算出された生成物のものであり，原料に作用させる試薬の量や生成物とともに副生してくる化合物については，ほとんどかえりみられなかった．しかしながら，仮に"収率"が100％でも，途中で用いる試薬が過剰に必要だったり，生成物とともに大量の副生物ができてくる場合，実際の合成ではそれらは廃棄物として処理しなければならず，必ずしも効率のよい合成とはいえない．

そこで，同じ収率100％でも，廃棄物の有無も尺度に入れた評価法として，"アトム・エコノミー"の考え方が提唱された．

アトム・エコノミー　グリーンケミストリーの実現のためには，物質合成のクリーン度を評価する客観的な指標が必要である．R. Sheldon は原子効率（atom efficiency）や E ファクターという，反応に関与する物質を考慮した定量的な指標を提案している．B. Trost はアトム・エコノミー（atom economy；原子経済）という原子効率と同様な概念を提唱している．アトム・エコノミーは，［生成物の原子量］／［原料や反応剤の分子量の総和］で表し，個々の反応の評価に適している．一方，E ファクターは 1 kg の生成物を得るのに何 kg の廃棄物を生じるかの指標であり，E ＝［副生成物の総重量］／［目的生成

収　率
化学反応において，原料から目的物が理論的に生成する量に対して，実際に生じた目的物の量の割合をパーセントで示した値．

物の重量］で計算できる．理想的な物質変換プロセスではE＝0，アトムエコノミー＝1となる．たとえば，石油化学のプロセスの生産量はきわめて大きい（$10^6 \sim 10^8$ t yr^{-1}）が，単純な化学反応のために副生物は少なく，Eファクターは小さい（E≅0.1）．一方，医薬品の製造では生産量は少ない（$10 \sim 10^3$ t yr^{-1}）が，目的物質を合成する段階数が多く，また化学反応が複雑なので副生物の量は飛躍的に増大する（E≅100）．図 6.1 にヒドロキノンの新旧の合成法を示す．新法のアトム・エコノミーは 92％に達するのに対して，旧法のそれはわずか 21％である．

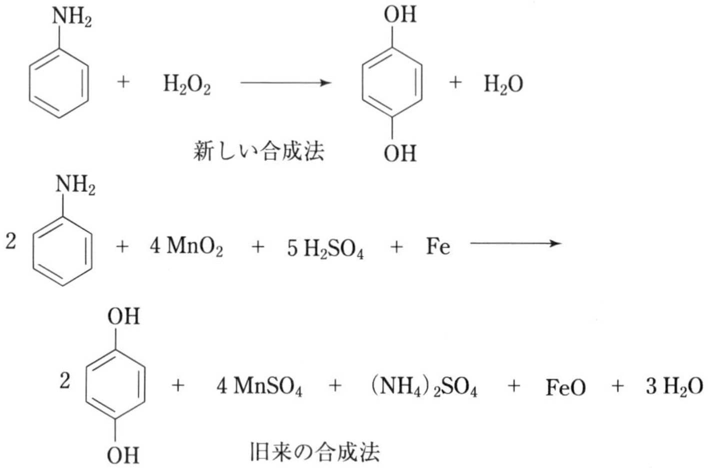

図 6.1 ヒドロキノンの新旧の合成法

実際の合成では，これらに加えて反応の前後では変化せず反応のみを促進させる触媒が用いられることが多い．触媒はアトム・エコノミーの計算には直接関与してこないが，後述するように触媒の使用量もグリーンケミストリーの視点からはきわめて重要である．

有機合成反応にはさまざまなタイプのものがあるが，アトムエコノミーの観点から採点すると，すぐれた反応とそうでない反応ははっきり分かれる．

（1）付加反応

有機合成反応の中でもっとも多いタイプの反応であるが，基本的に原料に反応剤がすべて付加するので，アトム・エコノミーは 100％である．付加環化反応やオレフィンへの水素やハロゲンの反応がこれにあたる．Grignard 試薬の反応も付加反応に分類されるが，多くの場合，反応の後処理で水を加えてマグネシウム化合物を遊離させるため，この段階でアトム・エコノミーは低下する（図 6.2）．

Grignard 試薬

RMgX 型の有機マグネシウム化合物の総称．R は脂肪族，芳香族など，X は通常，Br, Cl, I である．対応する RX からマグネシウム金属を作用させて調製する．Grignard 試薬にカルボニル化合物を作用させ新たに炭素-炭素結合を生成する反応を Grignard 反応という．1900 年，R.A.V. Grignard が発見したのでこの名がある．Grignard はこの功績により，1912 年にノーベル化学賞を受賞した．

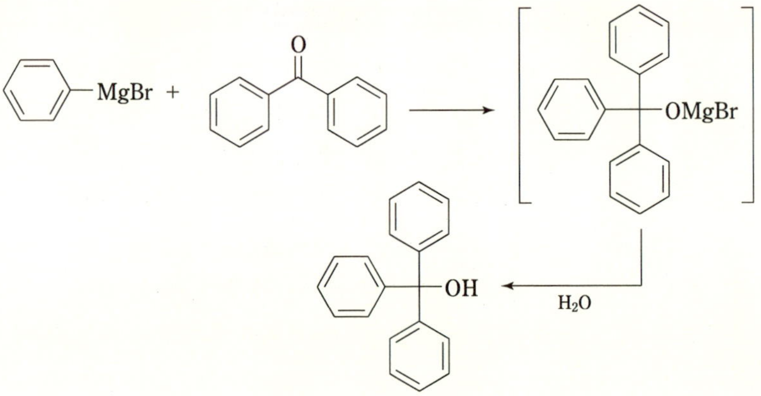

図 6.2　Grignard 反応

(2) 転位反応

この反応も基本的にはアトム・エコノミーは 100％ である．ただし，多くの場合，触媒が用いられるため，グリーンケミストリーの観点からはこの触媒の使用量が重要になる．たとえば，以下に示したフリース転位反応は工業的にも汎用されているが，反応を起こすためには原料に対して化学量論量（原料と等モルなど，通常の触媒量よりはるかに多い分量）以上の塩化アルミニウムが必要とされる．塩化アルミニウムは反応の前後で変わらないため，反応終了後は廃棄物となる．アトム・エコノミーは 100％ でも，グリーンケミストリーの視点からは問題の多い反応といえる（図 6.3）．

フリース転位反応
ルイス酸存在下，脂肪族および芳香族カルボン酸のフェニルエステルを加熱することにより，o-およびp-アシルフェノールが生成する反応．1908 年に K. Fries が発見した．ルイス酸としては，等モル量の塩化アルミニウム，四塩化チタンなどが用いられる．近年，ルイス酸の触媒量化が活発に研究されている．

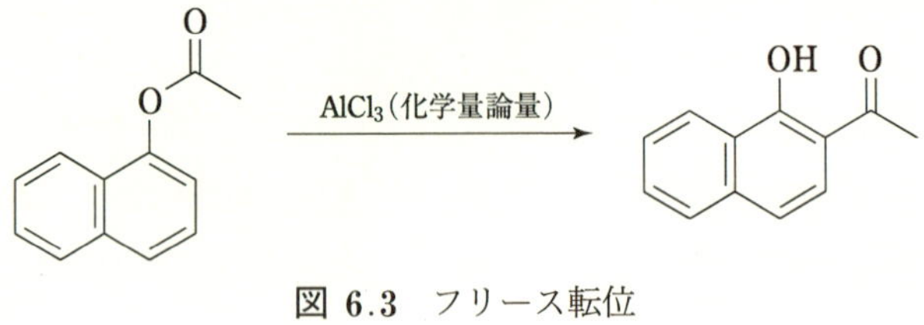

図 6.3　フリース転位

(3) 置換反応

多くの場合，求核剤が標的分子に近づいて，S_N1 あるいは S_N2 などの反応機構で脱離基と入れ替わる．脱離した部分は最終生成物には組み込まれないので，原理的にアトム・エコノミーが 100％ になることはない．とくに，ヨウ化アルキルを用いるアルキル化反応などでは，

求核剤
求核試薬，求核試剤ともいう．核すなわち電子不足反応中心に対して高い親和性をもち，反応する試剤である．一般に非共有電子対または負電荷をもつ．ほかの分子と反応し結合を形成する場合，結合電子 2 個を供与する．

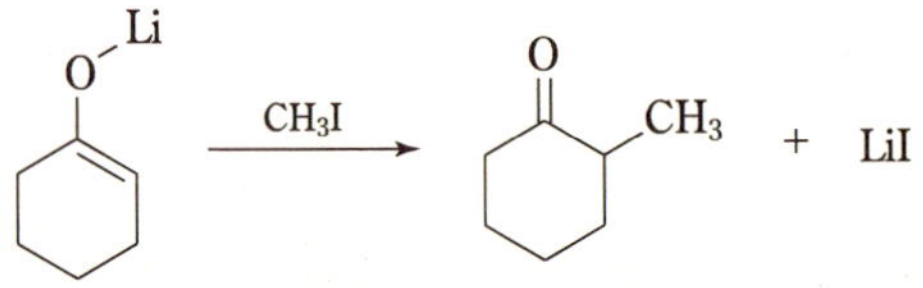

図 6.4　代表的な置換反応であるアルキル化

脱離する部分の分子量が大きくなるため，アトム・エコノミーが極端に小さくなる場合もある（図6.4）．このような反応は，アトム・エコノミーの観点から採点すると，効率の低い反応である．

（4）脱離反応

これは反応させる基質から一部分が外れて最終生成物になる反応で，これまで述べた反応の中では，最もアトム・エコノミーが低い場合が多い．ただし，脱離する部分が水など低分子量で環境にやさしい化合物である場合は，アトム・エコノミーもそれほど低下せず，グリーンケミストリーの視点からも望ましいプロセスになることもある（図6.5）．

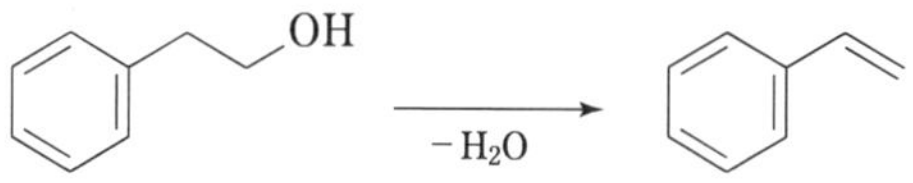

図 6.5　脱離反応

6.4　化学合成に関するグリーンケミストリー

a．化学反応の設計

化学反応に危険が伴う場合，その危険性をできる限り下げるのがグリーンケミストリーの基本である．従来は，危険な化学反応から人間や環境を守るために，使う側が化学反応や使用する化合物の種類を自主的に制限したり，場合によっては法律によって強制的に規制したりしてきた．これに対してグリーンケミストリーでは，危険な化学反応や化合物を排除するのではなく，その化学反応や化合物の危険性を人間の英知をもっていかに低減するか，さらに可能ならゼロに近づけられないかを考える．

ここで，具体的に考えてみよう．今，危険な化学反応や化合物があった場合，これらから人や環境を守るための手段としては，

（1）露出を小さくする

（2）その化学反応や化合物の危険性を低減し，さらにはゼロにする

の二つが考えられる．ここで"露出を小さくする"とは，作業者が保護着を着用したりマスクを使用したりすることを意味する．(1)が，人や環境に危険性を有する物質を出してから処理しようとするのに対して，(2)は危険性を有する物質自体の生成を未然に防ごうとするものである．

グリーンケミストリーでは(2)の考え方を取り，化学反応や化合物そのものの危険性を減らすことを目指す．先にも述べた"出口"で処

理するのではなく"入口"で処理するのである．危険があるからといって，合成そのものを止めてしまうのではなく，たとえば合成のための物質が人や環境に毒性をもつのなら，毒性がより少ないものに変える．ここでは，化学反応自体の設計がきわめて重要になる．また，次の項目とも関連するが，生成するものが危険なら同様の機能をもったより危険の少ない物質で代用することを考える．

　これらの考え方の背景には，化学者の自負と使命が背景にあろう．化学者なら物質に関する十分な技能や知識を有しており，被害をできるだけ下げることができるはずだ．すべての被害をゼロにまでできなくても，最小限に食い止めて人や環境にやさしい方向に導くことができる．また，化学者はそうしなければならない，といった使命としての側面があるのも事実である．一方で，化学がますます発展してきて，これまで知られていなかったさまざまな化合物が実際に作り出されるようになっている現在，物質に対する技能や知識は既存のものでは十分でないことはいうまでもない．上記の側面は，化学者のそのための最新の研究に裏づけられなければならない．

b．目的物質の設計

　ここでもグリーンケミストリーの基本原則である"入り口"での処理，"現在のレベルを持続する"に基づいて考える．生成物がもしヒトや環境に被害を与えるのであれば，その化合物の合成を即座に止めてしまうのではなく，同様の機能をもつほかの化合物を探索する．さらには，ある機能性物質を設計する際には，その物質の機能ばかりではなく安全性も考慮して，ターゲットとなる化合物を設計することも重要になる．

c．反応補助物質

　化学合成を行う際には，さまざまな補助的な物質が必要となる．たとえば，多くの反応で溶媒を用いなければならず，また得られた生成物を精製するにはさまざまな分離剤などが必要となる．グリーンケミストリーでは，これらの補助物質はできうる限り使わないようにすることをよしとする．

　溶媒は化学合成に必須である．反応させたい化合物を溶かしたり，反応液の温度を制御したりするのに，溶媒は重要な役割を果たしている．溶媒としては，多くの場合有機溶媒が用いられる．しかしながら有機溶媒の中には，ベンゼンなどのように人間への毒性が指摘されているもの，あるいは，クロロホルム，四塩化炭素といったハロゲン系炭化水素のように，人間への毒性に加えて環境への影響が危惧されているものもある．こういった有機溶媒は，十分な知識をもったうえで

有機溶媒
物質を溶解させるのに用いる液体状または比較的融点の低い固体状の有機化合物の総称．"油は油に溶ける"原則から，有機化合物を溶かすためには有機溶媒が用いられる．

水を溶媒として用いる有機反応

有機化合物の化学反応を行う場合，一般に，化合物を溶解させるためにトルエンやジエチルエーテルといった有機溶媒が使われる．これはいわば化学の"常識"になっているが，一方，有機溶媒の中には人体にとっても環境にとっても有害なものもあり，その使用をなるべく限定したい．そこで近年，有機溶媒に代わる"環境にやさしい溶媒"として，水が注目されている．水は，無毒・無害なだけではなく，通常用いられる有機溶媒に比べてきわめて安価であるという利点もある．しかしながら一方で，水を溶媒として用いる有機反応は，長い間，"非常識"であると考えられていた．それは，多くの有機化合物（油）は水には溶けないので，溶けないものを反応させるのは難しい，という考えが大きく影響していたからだ．

一般に，水と油（有機化合物）は混ざらない．ところが，水と油を混ぜ合わせることを可能にする物質がある．それは，界面活性剤である．界面活性剤は，水となじみやすい親水性部分と有機物となじみやすい疎水性部分とからなっている．水中に油状の有機化合物を入れると混ざり合わずに二層に分離するが，そこにある種の界面活性剤を少量加えると，界面活性剤の疎水性部分が油と，親水性部分が水とそれぞれ作用し，水中にミクロレベルのコロイド粒子を形成する．その結果，水と油は見かけ上は，牛乳のように不透明ながらも混ざり合ったコロイド溶液になる．

この界面活性剤の性質を利用して，水に溶けない有機化合物を水中で効率よく反応させる触媒が開発されている．含水溶媒中で有効なルイス酸であるスカンジウム（Sc）陽イオンと，代表的な界面活性剤であるドデシル硫酸陰イオンとを一体化させた触媒で，このような触媒は，ルイス酸-界面活性剤一体型触媒（英訳の頭文字をとって LASC（ラスクと発音））とよばれている．ラスクを用いると，水中で疎水的な反応場が速やかに形成され，有機化合物はこの中に集められる．反応はスムーズに進行し，有機溶媒中での反応と比べて 100 倍以上も速く進行する例も報告されている．

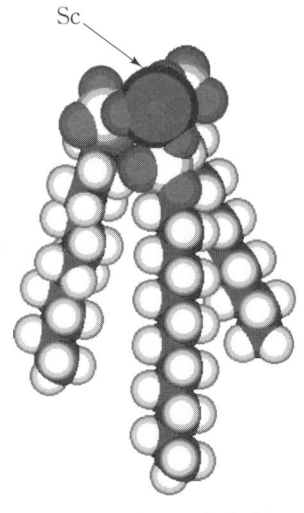

図 6.6 スカンジウム（Sc）陽イオンと，ドデシル硫酸陰イオンとを一体化させた触媒（トリスドデシル硫酸スカンジウム）の模式図

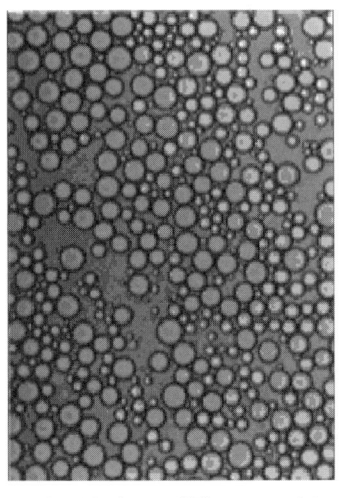

図 6.7 トリスドデシル硫酸スカンジウムと有機化合物を水中で混合した反応液の光学顕微鏡写真．多数生成している丸い粒の中に触媒と有機化合物が集められている．一つ一つの粒が疎水性の高い反応場となり，有機化合物の反応がスムーズに進行する．

使用すれば実際には問題ないが，暴露を防ぐための設備，廃液処理の費用などの観点から，実際の化学工業の現場ではしだいに使われなくなっている．

このようなすう勢の中，有機溶媒にかわる非有機溶媒系媒体が注目されている．水は安価で毒性も低く発火などの心配もない．また熱容量が大きいため反応液の温度制御の点からも利点があり，有機溶媒に替わる非有機溶媒系媒体の最右翼として注目されている．一方，多くの有機物が水には溶けないこと，活性な触媒や中間体が水中で不安定なことに加え，排水をいかに処理するかなど，実際に水を溶媒として使うとなると問題点も多い．このほか超臨界二酸化炭素，イオン性液体の一種などが，グリーンケミストリーを実現するための非有機溶媒系媒体として注目されている．また，溶媒を一切用いない無溶媒反応も可能な場合があるが，実際の工業レベルでは，無溶媒の場合，反応液の温度制御などが難しく，必要最小量の溶媒を使う場合が多い．

一方，しばしば用いられる分離法である再結晶は，多くの場合有機溶媒を用いるし，また，加熱を必要とする場合，そのエネルギーロスも考慮しなければならない．また，いったん溶解した反応液から沈殿を生じさせるためにさらに補助物質が必要な場合もあり，その場合は補助物質の処理が問題となる．また，分離にしばしば用いられるクロマトグラフィーでは，固定相（ゲル），移動相（溶媒）とも，スケールが大きくなればなるほど，分離後の処理が問題になる．

d．エネルギー消費の最小化

エネルギーの生産と消費の問題は，グリーンケミストリーに限らず，現代社会が抱えている大問題である．もちろん，環境に及ぼす影響は大きい．グリーンケミストリーでは，物質から新たなエネルギーを獲得するにしても，あるいは石油，石炭といった既存のエネルギー源を使用するにしても，人間と環境の調和を実現しながら使用することを考える．ここでは，現在のような使い放題の消費型から将来を視野に入れた持続可能な形にする努力をしなければならない．一方で工業先進国においては，エネルギーのかなりの部分を産業が使用しているという事実をはっきり認識する必要がある．

個々の反応では，加熱を必要とする反応は熱エネルギーを消費していることになる．グリーンケミストリーでは，還流下でしか進行しない反応を，触媒を用いて室温で反応させることが望まれる．一方，反応による過度な発熱を防ぐため，あるいは化学反応の反応性や選択性を制御するために，反応容器を冷却しなければならない場合もしばしばみられる．じつは冷却は，加熱と同じくらい環境に負荷がかかり，

再結晶
不純物を含む結晶性物質を適当な溶媒に溶解し，温度による溶解度の差や，溶液の濃縮や他の溶媒の添加などによる溶解度の減少あるいは共通イオン効果を利用して，再度結晶を析出させる操作をいう．不純物の大部分は母液中に残るので，この操作を繰り返すことにより物質の純度を上げることができる．結晶性物質の精製におけるもっとも基本的な方法．

蒸留
液体化合物の沸点の違いを利用して成分分離を行う操作を蒸留という．成分分離や精製の基本操作の一つである．

また，経費もかかる．そういった観点からすると，反応は加熱・冷却をしない条件で行うのがもっとも望ましい．

一方，化学産業でもっともエネルギーを要するのは，分離のステップであると考えられる．石油化学産業で常用される蒸留，医薬産業で重宝にされている再結晶はいずれも大きなエネルギー消費を伴う．

グリーンケミストリーでは，これらの問題を根本的に解決することを目指す．

e．再生可能な資源の利用

グリーンケミストリーでは，原料として何を使うかも重要な要素である．

一般に再生可能な原料とは，植物由来の原料を想定しているが，どのくらいの時間で再生することが許容範囲かは，個々のケースによって判断が分かれる．人間の寿命のスケールで再生すればよし，とする場合もあるし，もっと短い時間での再生が要求される場合もある．

原料を再生可能な資源から得る，というスローガンの背景には，現在私たちは，その原料のほとんどを石油や石炭などの化石燃料から得ており，それらは再生可能な資源ではなく，枯渇性の資源であることを認識させる意味がある．

それでは，化石燃料はすぐにでも再生可能な原料に切り替えなければならないのか．それは不可能であり，現実的でない．ここでグリー

■ **抗がん剤原料の再生** ■

近年，有望な抗ガン剤として注目されているタキソールの供給の問題は，グリーンケミストリーの観点からも興味深い．タキソールは，当初，西洋イチイの木の外皮から抽出され，高い薬効が明らかにされた．しかしながら一方で，一本のイチイの木からの抽出量はほんのわずかであり，ガン患者に十分な量のタキソールを供給するためには，西洋イチイの木を何十本も切り倒さなければならなかった．西洋イチイは発育が遅く，成長するのに数十年を要するため，木を大量に切り倒した場合，森林の生態系そのものを破壊してしまう可能性が高く，木の伐採は中止された．

その後，イチイの葉から，タキソールの前駆体となる化合物が抽出された．幸いイチイは落葉樹であり葉は毎年再生されるので，現在では葉から抽出された化合物を原料として，化学合成でタキソールが供給されている．ここでは，数十年での再生は枯渇性原料と見なされ，1年は再生可能な原料とみなされたわけであるが，環境への配慮も問題解決のための重要な要因となった．

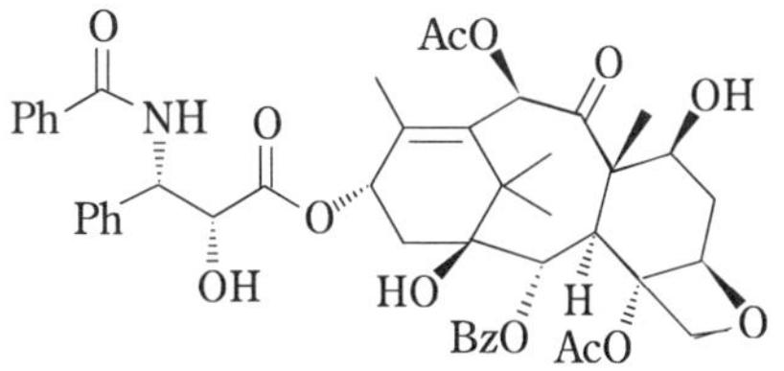

図 6.8 タキソール

ンケミストリーのもう一つの重要な側面である"持続性（サステイナビリティー）"の考え方が出てくる．近代文明を謳歌することを諦めない限り，明日から化石燃料の使用をやめることはできない．しかし，化石燃料に限りがある以上，いつまで"持続可能"かということを考えるとともに，次善の策としてなるべく長期にわたって持続可能な方策を探していく．当然，化石燃料の使用はやめないまでも，湯水のごとく無駄遣いすることは許されない．

一方で，化石燃料がしばしば危惧されるのは，燃焼に伴う大気中二酸化炭素の増加，硫黄や窒素酸化物の排出といった環境への直接的，間接的な悪影響である．ここでは，資源が単に枯渇性か再生可能かだけではなく，どこまでクリーンか，ということも問われる．

クリーンという点で注目されている資源に，植物由来の原料がある．植物は，化石燃料に比べるとそのサイクルは圧倒的に早いので，再生可能な資源と見なすことができよう．現在，生物由来の原料（バイオマス）が注目を集め，実用化のための研究も始まっているが，一方，石油などと同じように政治的な手段に使われる恐れや，干ばつなどでの供給不安，大量の植物を生育するためのスペースの確保，食用の植物との区別など，さまざまな問題があることも忘れてはならない．

さらに，ほかの再生可能な原料として，二酸化炭素やメタンガスなども候補にあがっている．

f．反応分子の修飾

ここ20年の有機合成化学の進歩には目覚ましいものがあり，新しい触媒や反応剤が次々に開発され，これまで不可能であった反応や選択性を実現してきた．一方で，新しく開発される触媒や反応剤はますます複雑化してきている．

ここで，もちろんすぐれた触媒や反応剤が開発されることはよいのだが，いたずらに複雑化していないか，よりシンプルにできないか考えることも，グリーンケミストリーでは重要である．

有機合成で標的となる化合物は，近年ますます複雑化している．そこで多用されているのが，いわゆる保護基である．多くの官能基がある場合，望みの部分のみを反応させることは難しいため，本来は反応させたくない部分を一時的に反応しない形に変換（保護）しておいて，望みの変換を行った後に元へ戻す（脱保護）．たとえば，分子内に複数のアルコール基があり，今，ある特定のアルコールのみを酸化したいとする．その場合，酸化したくないアルコールは，一時的にたとえばベンジルエーテルに変換（保護）する．その上で酸化すれば，ベンジルエーテルに変換されていないアルコールは当然酸化されるが，変換

バイオマス
もともと生態学で用いられた用語で，本来は生産の場で生成する生体量，あるいは有効利用される生体量の意味で用いられる．一方，グリーンケミストリーの分野では，とくに，農林水畜産物の未利用部分または廃棄物を指す場合が多い．これらは太陽エネルギーを固定化した再生循環可能な資源と考えられ，エネルギー，食飼料，化学工業原料などへ変換して有効利用する研究が活発に行われている．

官能基
有機化合物の分子内に存在し，その化合物の特徴的な反応性の原因となるような原子または原子団．

されている部分はそのまま残る．酸化が終わった後，ベンジルエーテルを元のアルコールに戻す（脱保護）のは容易である．しかしながら，保護，脱保護は，反応の戦略のうえからもステップ数が増える点から望ましくない．また，保護，脱保護に多くの無駄な試薬を使わなくてはならない．"未然に防止する"グリーンケミストリーの原則からすると，保護，脱保護の過程はなるべく避けるべきである．

そのほかにも，分離のために水への溶解性を上げるために塩を加えたり，選択性を上げるために除去することが可能な官能基を付けたりすることは，グリーンケミストリーの精神に反する．

g．触媒の使用

一般に化学反応を行う際には，活性化エネルギーを下げるために触

■ マイクロチャネルリアクターを用いる有機合成 ■

マイクロチャネルリアクターは，ミクロンサイズの深さと幅，およびセンチメーターからメーターサイズの長さをもつチャネルを有し，これまでおもに分析化学の分野で用いられてきた．マイクロチャネルリアクターの特徴として，比界面積が非常に大きいことがあげられ，その値は通常工業レベルで用いられる反応容器が $100\,m^2\,m^{-3}$ 程度であるのに対し，マイクロチャネルのそれは $10\,000 \sim 50\,000\,m^2\,m^{-3}$ にも達する．このためマイクロチャネル内では，機械的な操作なしでもフラスコ中における超高速撹拌に相当する比界面積を実現することが可能である．マイクロチャネルのような微小空間では，このほかにも物質移動が効率的に行える，熱移動が効率よく実現できるなどのメリットがあり，さらに，グリーンケミストリーの視点からも，毒性や爆発性を有する化合物や不安定化合物を用いる反応の安全性が向上するといった数々のメリットが期待される．

実際にこのマイクロチャネルリアクターを用いる還元反応の例を示す．反応の方法としては，あらかじめパラジウム触媒をチャネルの壁に固定化し，そこへチャネルの二つの入口の一方から基質のTHF溶液を，もう一方からは水素ガスを流すという方法がとられている．この際，各相の流速をコントロールすることによって，液相が触媒の存在するチャネル壁に沿って流れ，気相がチャネル中心を流れるというフロー（パイプフロー）が実現された．この場合，非常に大きな各相間の接触面積と分子拡散距離が小さいことに由来する効率的な三相系反応が期待され，実際，反応は円滑に進行し，基質のチャネル内の滞在時間（反応時間）はわずか約2分間ときわめて短時間であるにもかかわらず，定量的に目的物を与えることが明らかにされた．ほぼ同一条件で通常のフラスコを用いて反応を行った場合，2分間ではほとんど反応が進行しないことから，マイクロチャネルリアクターの優位性が示されている．

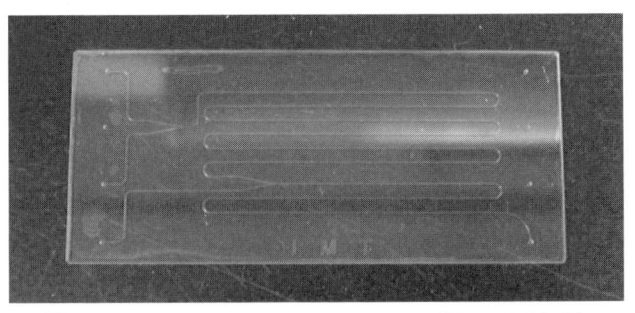

図 6.9 マイクロチャネルリアクター（図はほぼ実寸）

媒を使用することが多い．これは，不必要な熱源を使用しなくてよいので，グリーンケミストリーでは触媒の使用は奨励される．一方で，使用する触媒の量にも注意が必要である．触媒は基本的には反応の前後で変化しないから，ごく少量で反応を効率的に推進できるはずである．しかしながら，触媒が反応の過程で生成物に何らかの形で捕獲されてしまうと，生成物と等モル量かあるいはそれ以上必要となる．大量に使用された触媒の処理には多くの手間がかかる場合が多く，その場合，反応を円滑に促進したメリットは帳消しになってしまう．したがって，いかに少ない量の触媒で生成物を得るか（触媒回転率），さらには，エネルギー効率の面からより短い時間で反応が終了した方が望ましく，その点から，時間あたりの触媒の回転率などもグリーンケミストリーにのっとり反応系を評価するうえでは重要な要因となる．

さらに，触媒を高分子や無機担体，さらには適当な液体などに担持して，反応終了後回収して繰り返し使おうとする試みも，最近活発に研究されている．この方法によれば，触媒は基本的に廃棄する必要がなく，廃棄物が減るという点では理想的である．しかしながら一方，触媒を担持するための担体自体に毒性や環境に負荷を与えるものが含まれていないか，それらが環境中に暴露する心配がないかも十分に注意しなければならない．

6.5 化学製品および化学事故とグリーンケミストリー

a．化学製品と環境

化学物質をめぐる環境問題では，とくに，物質がどの程度環境に残るか（環境残留度）と，動植物の体内にどの程度蓄積するか（生物蓄積度）が重要なバロメーターになる．

化学物質をデザインするときには，目的とする機能の発現を目指すことはいうまでもないが，同時に，使用後の廃棄も考えなくてはならない．使用後に環境中で容易に分解するような分子をデザインすることも，グリーンケミストリーではきわめて重要な要因となる．環境中で壊れる"生分解性プラスチック"や，動植物の体内に蓄積しない殺虫剤の開発が望まれる．

さらに，分解物の毒性や危険性にも十分配慮しなければならない．分解物がより危険なものになってしまっては，分解させる意味がなくなってしまう．グリーンケミストリーでは，人間，他の動植物，生態系，環境全体のバランスを十分配慮する必要がある．

近年，環境への影響から社会問題にまで発展したダイオキシンの問

題は記憶に新しい．ここでは上記の問題に加えて，新たな問題が提起された．これまで，ほとんどの低分子化合物は環境下，たとえば土壌の微生物などによって容易に分解されると考えられてきた．しかしながら，ダイオキシンは例外であり，土壌では分解されず，それが生態系に入ってやがて濃縮されたダイオキシンを含む食物を人間が食し体内に蓄積された．ダイオキシンの構造式から，この化合物がそれほどまでに安定であるということを，現在の科学の力では予見することができなかった．ダイオキシンの教訓は，今後の研究方針に活かされなければならない．

b．化学事故の防止

(1) プロセス計測を導入する

グリーンケミストリーでは，合成プロセスをリアルタイムで計測することが望まれる．化学反応は，ほんのわずかな反応条件の変化によって大きく影響を受けることがある．反応温度や濃度がわずかに違う，あるいは試薬のロット差によって含まれる不純物の量がほんのわずか違っても，場合によっては副反応が優先的に進行してしまうこともある．これは大量スケールの合成プロセスにとっては，致命的な事故につながりかねない．

そこで，反応系の中に精密な計測器を組み込み，リアルタイムで計測することが考えられる．仮に副反応が進行すればリアルタイムで現状を把握することができ，即座に対応して事故を未然に防ぐことができるし，また，有害物質が検出されれば，即刻プロセス全体を停止してその生成を最小量に抑えることもできる．

(2) 化学事故を起こしにくい物質を選択する

工業レベルでの合成では，取り扱う化合物の量が多いだけに，引火や小さな爆発が引き金になって大事故につながる危険性がある．歴史的にも，一つの事故が何百人もの命を奪った例もあり，化学物質の引火性・爆発性，毒性などには十二分の注意を払う必要がある．

グリーンケミストリーでは，"人間と環境の調和"を目指すことはすでに述べたが，こうした大事故を未然に防ぐことも目標とする．廃棄物を減らし環境汚染を防いだときに，かえって事故の確率が高くなることもありうる．そういった場合は，"汚染防止"と"事故防止"の双方をバランスよく実現しなければならない．ここでも，"出口"で対策を講じるのではなく，"入口"で対策を立てるグリーンケミストリーの基本的な考え方が役に立つ．もし，同じ機能をもっているのであれば，化学事故を起こしにくい化合物を選んでそれを取り扱うようにする．そのようにして，化学事故を未然に防ぐのである．

本章の冒頭で，グリーンケミストリーが目指すものは，"人間と環境の調和"であることを述べた．現在，そのためのさまざまな取り組みがなされているが，一方，次の段階のゴールとしては，より広範囲のトータルな意味での社会全体と化学との相互理解，真の意味での調和が望まれる．

　これもはじめに述べたが，近代文明の成功は化学なしで語ることはできない．さらに，近代文明を支えている，また，未来のより快適な生活を支えるであろう科学技術の中核には化学があり，化学の重要性は今後ますます増大していくことが予想される．その化学者が，未来に向けて自らの使命感と自負をもって自らの学問のあるべき姿を示したのがグリーンケミストリーであるなら，一般社会にその真の姿を広く認知させることも，両者の真の調和を達成するためにはきわめて重要なことである．

　社会と真に調和したグリーンケミストリーは，まさに輝く未来を拓く鍵なのである．

廃棄物とリサイクル 7

　人口の増加，工業化の進展などに伴い世界的に資源・エネルギー需要が急増し，また地球温暖化などの地球規模の環境問題が大きくなっている状況において，後の世代までを視野に入れた，持続可能な社会発展がますます重要になってきている．廃棄物問題の解決は，この持続可能な発展を実現するうえでの最重要課題の一つといえる．すなわち，廃棄物の発生を抑制（リデュース）し，排出された廃棄物は再使用（リユース）するか，資源・エネルギーとしてリサイクルすることにより，資源の消費が抑制され，環境への負荷が少ない循環型社会を構築することができる．

　20世紀の新素材ともいえるプラスチックは，性能・機能の多様性を反映して非常に広範囲に使用されている．その結果，廃棄物としても多様な状態で排出され，その量も年間1千万tに達している．したがって，これをいかにリサイクルし有効利用するかは現代社会の大きな課題であり，多くのリサイクル技術が開発されてきている．

　本章では，廃棄物全体と廃プラスチックのリサイクルの状況を概説し，廃プラスチックのリサイクル技術ならびに生分解性プラスチックの開発について述べる．また，多様なリサイクル技術の中から何を選択するかについての，客観的評価方法についても取り上げる．

7.1 廃棄物の処理・処分の状況と課題

　廃棄物は法律（後記の廃棄物処理法）により産業廃棄物と一般廃棄物の二つの種類に区分されている．産業廃棄物は，事業活動によって排出された廃棄物であり，排出した事業者が自ら処理するよう義務づけられている．燃えがら，汚泥，廃油，廃酸，廃アルカリ，廃プラスチック類などの20品目が産業廃棄物である．一方，家庭ごみなど，産業廃棄物以外の廃棄物を，市町村が処理しなければならない一般廃棄物としている．

　わが国における産業廃棄物の年間排出量は約4億t，一般廃棄物の年間排出量はおよそ5千万tであり，近年ほぼ一定のレベルで推移し

ている．これらの廃棄物の処理・処分の状況をみると，2000年度には産業廃棄物では排出量の45％が資源化され，11％が埋め立てられ，44％は脱水，焼却，中和などの中間処理によって減量化されている．一方，一般廃棄物では排出量の70％が減量化され，20％が埋め立てられ，10％が資源化されている．

一般廃棄物の場合，市町村によって収集されたものに，処理施設へ直接搬入されたものと自家処理されたものを合わせた量を"排出量"としているが，これらとは別に資源ごみの集団回収が行われている．そして，これらすべてを合わせてみると，一般廃棄物の場合14％が資源化されている．これを図示すると図7.1のようになる．図中の中間処理とは粗大ごみ処理や資源化処理，焼却処理などをさし，その大部分は焼却処理であり，それによって廃棄物の減量化がなされている．

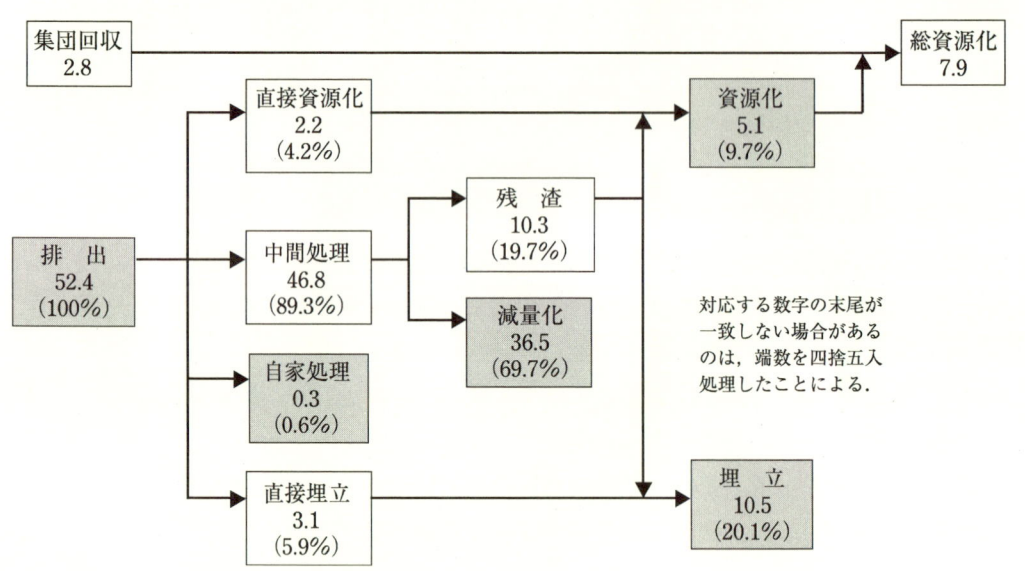

図7.1 一般廃棄物の処理・処分の状況（2000年度，単位100万t）
［資料：環境省］

ここで，埋立処分に注目してみると，産業系と一般系を合わせた廃棄物全体では埋立量が年間6千万t近くにも達している．このようなレベルの大量の埋め立てがなされてきた結果，昨今では埋立地の逼迫が大きな社会問題となってきている．

こうした状況を打開するために環境省の中央環境審議会は，廃棄物の排出量削減とリサイクル（資源化）量増大，ならびに中間処理による減量化促進により，埋立量を2010年度には3千万t弱へと半減させることを政策目標とするよう提言している．

7.2 循環型社会形成のための法体系

2000年，循環型社会の形成に向けた重要な法律が6本制定された．循環型社会形成推進基本法，資源有効利用促進法（再生資源の利用促進法の改正），廃棄物処理法，改正建設資材リサイクル法，食品リサイクル法およびグリーン購入法である．

この前後に制定された容器包装リサイクル法，家電リサイクル法，

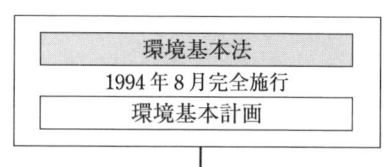

容器包装リサイクル法
容器包装廃棄物の排出量削減とリサイクルの促進を目的に，ガラスびん，PETボトル，紙製ならびにプラスチック製の容器包装を対象として，関係者の役割分担などを規定した法律．消費者には分別して排出することを，容器包装の製造者とその利用事業者にはリサイクルすることを，市町村には分別収集することを義務づけている．

```
                    ┌─────────────────┐
                    │    環境基本法    │
                    │ 1994年8月完全施行 │
                    │    環境基本計画  │
                    └─────────────────┘
                             │
    ┌────────────────────────┴───────────┐
    │  循環型社会形成推進基本法           │ ・社会の物質循環の確保
    │    2001年1月完全施行                │ ・天然資源の消費の抑制
    │  循環型社会形成推進基本計画         │ ・環境負荷の低減
    └─────────────────────────────────────┘
         [廃棄物の適正処理]    [リサイクルの促進]
    ┌──────────────┐        ┌──────────────┐
    │  廃棄物処理法 │        │資源有効利用促進法│
    │2001年4月完全施行│      │2001年4月完全施行│
    └──────────────┘        └──────────────┘
                    一般的な仕組みの確立
```

廃棄物処理法（一般的仕組み）	資源有効利用促進法（一般的仕組み）
・廃棄物の適正処理 ・廃棄物処理施設の設置規制 ・廃棄物処理業者に対する規制 ・廃棄物処理基準の設定 　など	・再生資源のリサイクル ・リサイクル容易な構造・材質 　などの工夫 ・分別回収のための表示 ・副産物の有効利用の促進
拡充強化 ・不適正処理対策 ・公共関与による施設整備など	**拡充整備** ・リサイクル(1R)からリデュース， 　リユース，リサイクル(3R)へ

個別物品の特性に応じた規制

容器包装リサイクル法	家電リサイクル法	建設資材リサイクル法	食品リサイクル法	自動車リサイクル法
1997.1一部施行 2000.4完全施行 容器包装の市町村による収集，および容器包装の製造・利用業者による再資源化	2001.4完全施行 廃家電の小売店による消費者からの引取り，および製造業者よる再商品化	2002.5完全施行 工事の受注者による建築物の分別解体および建設廃材などの再資源化	2001.5完全施行 食品の製造・加工・販売の業者による食品廃棄物の再資源化	2002.7公布 公布より2年半以内に完全施行（リサイクル料負担開始）

グリーン購入法	国等が率先して再生品などの調達を推進　2001年4月完全施行

図 7.2　循環型社会形成推進のための法体系
［資料：経済産業省］

自動車リサイクル法を加えた法体系をまとめると図 7.2 のようになる．

図中に各法律の概要を付記したが，「循環型社会形成推進基本法」は，文字通り循環型社会形成のための基本的枠組みを定めた法である．資源有効利用促進法はリサイクル推進のための一般的な仕組みを規定し，廃棄物処理法が廃棄物の適正処理のための一般的な仕組みを規定している．その他六つの法律のうち五つは，容器包装や家電製品のような個別物品のリサイクルに関するものであり，それぞれの物品の特性に応じたリサイクルに関する規制を盛り込んでいる．また，グリーン購入法は再生品などの市場拡大を目指して，国等が率先して再生品などを調達することを推進するものである．

国や地方自治体，生産者，消費者など関係者は，これらの法律が円滑に運用されるよう努力すると同時に，リサイクル率をよりいっそう向上させるために，容器包装リサイクル法など法の改正についても検討を進めている．また，容器包装分野においては，プラスチックボトルなどを再使用（リユース）することとリサイクルすることの比較検討・評価も行われている．さらには，材料メーカーがその材料を使用する最終製品のメーカーに対し，これまでのように材料を販売するのではなくリースすることにより，回収とリサイクルを促進しようという斬新なアイディアも，金属材料を中心に検討されている．こういったさまざまな活動を継続することにより，循環型社会の形成が進むものと期待される．

7.3 プラスチック廃棄物

国内における 2000 年のプラスチック生産量は 1474 万 t，消費量は 1098 万 t であり，生産量の種類別うちわけと消費量の分野別うちわけは図 7.3，図 7.4 に示すとおりである．また，排出された廃プラスチックの量は 997 万 t であった．

この廃プラスチックのリサイクルの状況を示すと図 7.5 のようになる．廃プラスチックの量は，一般廃棄物として出されたものと産業廃棄物として出されたものとがほぼ半々となっているが，全体の材料・原料・サーマルを合わせたリサイクルの比率は 50％ に達している（各リサイクルの内容については 7.4 節参照）．

従来の材料リサイクルに加え，この年（2000 年）に，ガス化や高炉あるいはコークス炉原料化などの原料リサイクルが開始または拡大したことと，セメントキルンへの投入や廃棄物発電のようなサーマルリ

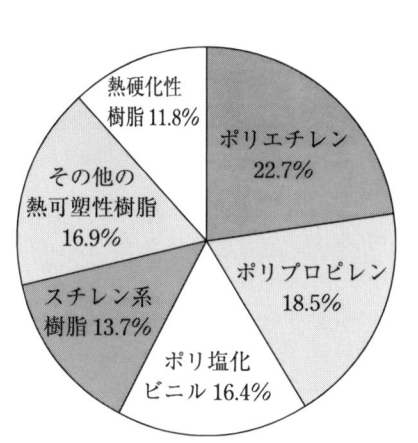

図 7.3 プラスチック生産量の種類別うちわけ(2000 年)
[資料：経済産業省化学工業統計]

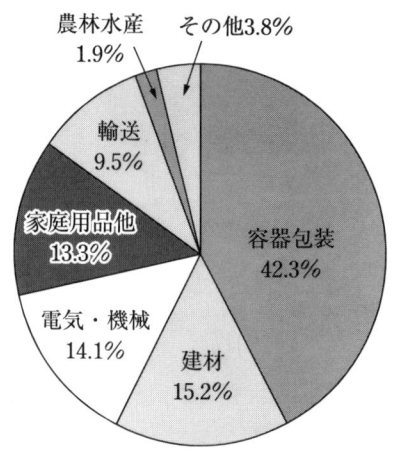

図 7.4 国内プラスチック消費量の分野別うちわけ(2000 年)
[資料：(社)プラスチック処理促進協会]

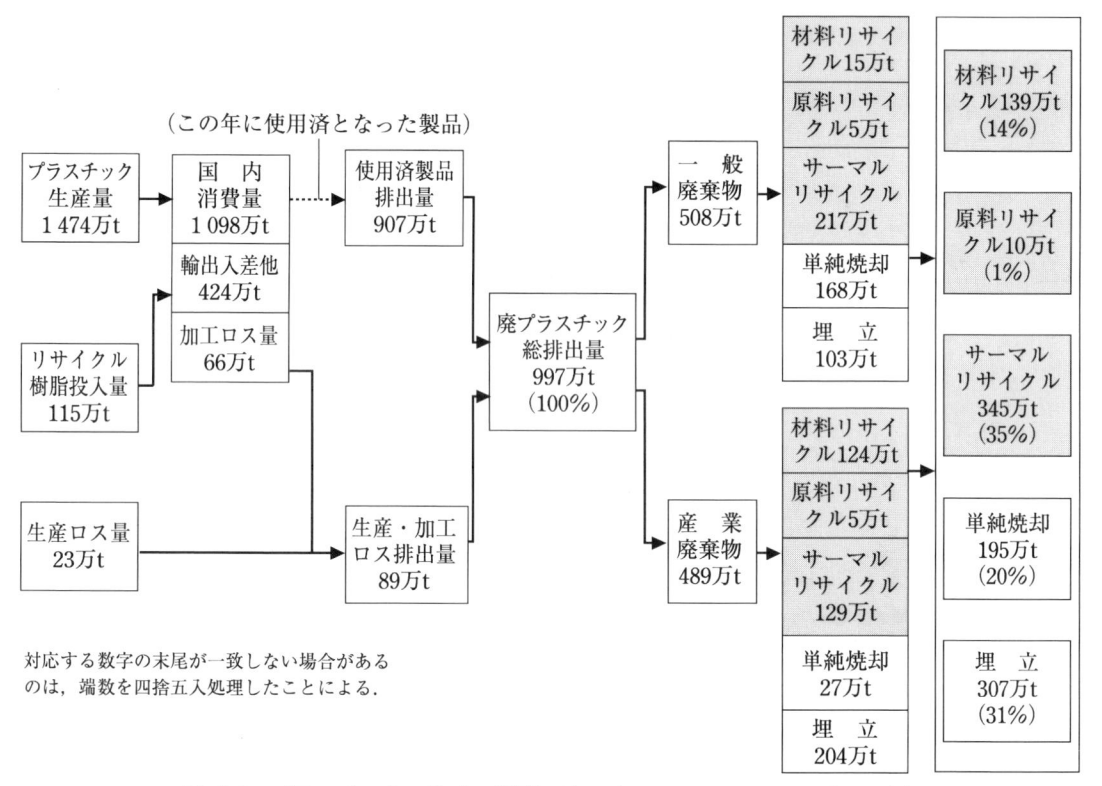

対応する数字の末尾が一致しない場合があるのは，端数を四捨五入処理したことによる．

図 7.5 プラスチックの生産・廃棄・リサイクルのフローシート(2000 年)
[資料：(社)プラスチック処理促進協会]

サイクルが増大したことが背景となっている．

一方，廃プラスチックの半分は未利用の状態に留まっており，30％強が埋め立てられている状況は改善する必要がある．そのためには，混合廃プラスチックも有効にリサイクルできる原料リサイクルのいっ

> ■ **プラスチック**
>
> 　プラスチックは熱や圧力により成形加工できる高分子化合物であり，合成樹脂と天然樹脂があるが通常は合成樹脂をさす．合成樹脂は重合反応によって製造される高分子化合物のうち成形加工品として用いられるもので，種類が多く性質もさまざまである．いずれも比重が小さい，加工性がよい，電気絶縁性が高い，大気中で安定などの特性をもち広範囲に利用されている．
>
> 　合成樹脂は成形性の面から熱可塑性樹脂と熱硬化性樹脂に大別される．
>
> 　熱可塑性樹脂は，加熱すると軟化して可塑性（外力により変形し力を除いた後も変形したままで元に戻らない性質）を示し，冷やすと硬化するが，再度加熱すると再び軟化するという性質をもっている．これには，ポリエチレン：$-(CH_2CH_2)_n-$，ポリプロピレン：$-(CHCH_3CH_2)_n-$，ポリ塩化ビニル：$-(CHClCH_2)_n-$，ポリスチレン：$-(CHC_6H_5CH_2)_n-$ のほか多くの種類があるが，これら4種の合成樹脂は，きわめて幅広い分野で多量に使用されていることから汎用樹脂ともよばれ，全合成樹脂生産量の7割弱を占める．また，ポリスチレンおよびスチレンの共重合体である AS 樹脂（アクリロニトリル・スチレン共重合体），ABS 樹脂（アクリロニトリル・ブタジエン・スチレン共重合体）を総称してスチレン系樹脂とよぶこともある．
>
> 　一方，熱硬化性樹脂は加熱すると硬化し，製品を再度加熱しても軟化することはない．加熱による重縮合反応によって鎖状高分子の間の架橋が進み，三次元の網目構造ができて不溶・不融の状態になるためである．これにはフェノール樹脂（フェノールとホルムアルデヒドの重縮合体），エポキシ樹脂（おもにビスフェノール A とエピクロルヒドリンを原料としてつくられる重縮合体），メラミン樹脂（メラミンとホルムアルデヒドの重縮合体）などがある．
>
> 　**重　合**　低分子量の単量体（モノマー）から高分子量の重合体（ポリマー）を生成する反応を重合反応という．たとえば，分子量が約28のエチレンを重合すると分子量数十万のポリエチレンができる．
> 　**共重合**　2種類以上の単量体を重合することを共重合といい，それによってできる同一分子中に2種類以上の単量体単位を含む重合体を共重合体とよぶ．たとえば，アクリロニトリルとスチレンの共重合によってできる重合体をアクリロニトリル・スチレン共重合体という．
> 　**重縮合**　2官能性以上の単量体間の縮合反応の繰り返しを重縮合という．たとえば，ポリエステルはジオールとジカルボン酸からの重縮合によってできる．重縮合は重合反応の一種であり縮合重合ともいう．それによって生成する重合体を重縮合体あるいは縮合重合体という．

そうの増加が期待される．さらには一般廃棄物として排出され単純焼却されているものを，エネルギー回収を伴う焼却に変換するなど，サーマルリサイクルのいっそうの促進も重要である．

7.4　プラスチック廃棄物のリサイクル技術

　廃プラスチックのリサイクル技術としては，
(1) 再びプラスチック材料あるいは製品に戻す材料（マテリアル）リサイクル
(2) ガス化や油化による化学原料化，高炉あるいはコークス炉原料としての利用，解重合によるモノマー化などの原料（フィードストック）またはケミカルリサイクル
(3) ごみ固形化燃料（refuse derived fuel；RDF）化したり，セメン

トキルンや廃棄物発電の燃料に用いたりするサーマルリサイクルが実施されている．

一般に，収集されたプラスチック廃棄物は，複数の種類のプラスチックを含んでいたり，異物が混入したり汚染されたりしていることが多いために，リサイクルの前処理として選別や洗浄が必要となる．さらに各リサイクル技術に特有のプロセス適合性を付与するために，事前に破砕や成形あるいは塩素除去などを行うことが多い．したがって，各リサイクル技術には必要に応じてこれらの前処理工程が組み込まれている．

a．材料（マテリアル）リサイクル

材料リサイクルとは廃プラスチックを粉砕し粉状・粒状あるいはフレーク状にしたり，溶融成形しペレット状にしたりしてプラスチック材料に戻すか，溶融成形によってプラスチック製品に再成形する技術である．

図 7.5 に示したように，廃プラスチックには使用済み製品から出るものと，生産ならびに加工における端材あるいは不良品として出るものがある．後者の産業廃棄物は単一材料であり汚染の程度も低い場合が多く，その大部分（2000 年で 88 万 t）は再びプラスチック材料にリサイクルされている．生産あるいは加工時の端材，不良品以外でも産業廃棄物の場合は単一材料として収集できる場合が多く，材料リサイクルされる割合が高い．一方，一般廃棄物では食物残渣など他の廃棄物による汚染や異物の混入があったり，何種類かのプラスチックが混合したりしている場合が多いため，材料リサイクルは困難であり，その割合は低くなっている．

一般廃棄物系の廃プラスチックの中で材料リサイクルが進んでいるものとしては，容器包装リサイクル法の対象となっている清涼飲料，しょうゆ，酒類用の PET（ポリエチレンテレフタレート）ボトルがある．単一品としての分別排出・収集が進んできているために，2000 年度には当該用途のボトル生産量の 34.5％ に相当する 12.5 万 t が回収され，そのうち 6.9 万 t が繊維，シートならびに成型品などに再商品化された．

ここで，比較として金属缶のリサイクルを取り上げてみよう．一般にスチールやアルミのような金属材料は，プラスチックと比べて，廃棄後に単一材料として回収あるいは分別することが容易であり，さらに再溶解することで元の材料に戻せるという特徴がある．したがってスチール缶とアルミ缶のリサイクル率は，2000 年度にはそれぞれ

84％，81％に達した．再資源化の量でみるとスチール缶が102万t，アルミ缶が21万tであった．

b．原料リサイクル（ケミカルリサイクル）

原料（フィードストック）へのリサイクルは，リサイクルの工程で化学反応を伴うためにケミカルリサイクルともよばれ，以下に記す五つの技術が実用化されている．

それらのうち，モノマー化は前記のPETボトルを含むPET樹脂あるいはPET（ポリエステル）繊維を対象に実用化されたものである．それ以外の技術は，おもに容器包装リサイクル法に規定されたPETボトル以外のプラスチック製容器包装を対象に開発，実施されているものであり，各種プラスチックの混合物をリサイクルすることが可能な技術である．したがって，産業廃棄物系の混合プラスチックを対象にすることも可能である．

（1）ガス化 廃プラスチックを部分酸化が起こる雰囲気で熱分解ガス化して，水素と一酸化炭素を主成分とするガスを製造し，このガスを化学原料として利用するというリサイクル技術である．

生成したガスはアンモニア合成などの化学原料とするほかに，ガスエンジン発電や燃料電池発電に利用することも可能である．

代表的ガス化プロセスの一つとして，加圧二段式プロセスの概要を図7.6に示した．このプロセスでは塩素系を含む混合廃プラスチックを，前処理で塩素系プラスチックを分離することなしに処理することができる．

1段目の低温ガス化炉は温度600～800℃，圧力0.5～1.6 MPaに設定された，砂を媒体とした内部循環型流動層からなる．流動層下部か

部分酸化
炭化水素を高温で酸素と反応させ，かつ酸素量を抑えて完全燃焼を避け，一酸化炭素と水素の混合ガスを製造する方法であり，下記の一般式で表される．

$$C_mH_n + \frac{m}{2}O_2 \rightarrow mCO + \frac{n}{2}H_2$$

アンモニア合成
アンモニアは水素と窒素から，触媒を用いて高温，高圧下で合成される．

$$3H_2 + N_2 \rightleftharpoons 2NH_3 + 22\,\text{kcal}$$

工業的な製造条件は温度400～650℃，圧力100～1000 atmであり，代表的な触媒はFe_3O_4（反応中に水素により還元されFeとなる）を主体としこれに助剤を添加したものである．

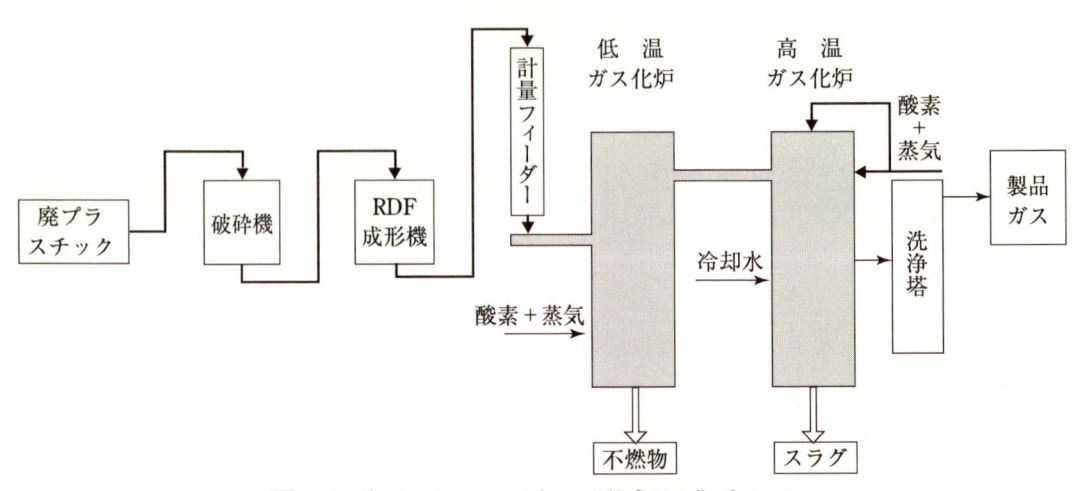

図7.6 廃プラスチックの加圧二段式ガス化プロセス
［資料：(社)プラスチック処理促進協会］

ら酸素と蒸気を供給して流動層を形成すると同時に，廃プラスチックの部分酸化，熱分解反応を進め，水素，一酸化炭素，二酸化炭素，炭化水素，炭素などからなるガスを生成する．低温ガス化炉の下部からは異物として混入した金属やガラスなどの不燃物が抜き出されるが，金属は酸化されずに回収される．

2段目の高温ガス化炉は1300～1500°Cに設定されている．一段目の炉から供給されたガスは酸素と蒸気によってさらに部分酸化され，最終的には水素，一酸化炭素，二酸化炭素を主成分とするガスになる．部分酸化用の酸素とともに供給される蒸気は，希釈剤として働くと同時に，$C+H_2O \rightarrow CO+H_2$，$CO+H_2O \rightarrow CO_2+H_2$ などの反応に関与する．

高温ガス化炉のガス中には灰分が溶融したスラグや，塩素系廃プラスチックから発生した塩化水素が含まれるが，炉の下部で水によって急冷され，スラグは固化して炉底から抜き出され，塩化水素は水中のアルカリ成分によって捕捉される．また，水によりガスの温度は200°C以下に急冷されるので，高温ガス化炉で完全分解されたダイオキシン類が再合成されることはない．

高温ガス化炉を出たガスは洗浄塔で水洗され，残った塩化水素が除去されて製品のガスとなる．

(2) 油化　廃プラスチックを熱分解により液化し，軽質・中質・重質の炭化水素油を回収するリサイクル技術である．

この油を石油精製プロセスに通した後，ナフサ分解（エチレン製造）設備に供給すれば原料リサイクルとなる．現在は，回収された油中の不純物等の問題や経済性の点から，石油精製プロセスには戻されず燃料油としてエネルギー回収に用いられている．その限りではサーマルリサイクルに分類されるが，一方熱分解という化学反応を伴っているためにケミカルリサイクルに属することになる．

油化プロセスでは，製品の油中の塩素濃度を100 ppm以下に抑えるために，塩素系プラスチックを含む混合廃プラスチックを，まず常圧で300°C程度に加熱し脱塩化水素を行う．発生した塩化水素は塩酸として回収される．脱塩化水素された溶融プラスチックは，400°C程度での熱分解によりポリマーの主鎖が切断され，低分子量化して炭化水素油となる．生成した炭化水素油は分留され，軽質油，中質油，重質油として回収される．

(3) 高炉原料化　製鉄所の高炉において鉄鉱石を還元するのに用いられているコークス（または微粉炭）の一部を代替する目的で，廃プラスチックを高炉に吹き込み還元剤として使用するリサイクル技術である．

高　炉

高炉とは，コークスを燃焼させて鉄鉱石を加熱，還元（$Fe_2O_3 + 3/2\,C \rightarrow 2\,Fe + 3/2\,CO_2$），続いて融解し，銑鉄を取り出すための溶鉱炉で，縦型の高い炉であることから高炉とよばれる．高さが炉本体だけで 30 m 程度もある大型炉では，1日1万 t もの銑鉄生産能力を有する．付帯設備として 1000℃ くらいの熱風をつくる熱風炉をもつ．

造粒または粉砕された廃プラスチックは，高炉底部の羽口とよばれる吹き込み口から炉内に吹き込まれる．1100～1500℃ の熱風の中に吹き込まれたプラスチックは瞬時にガス化され，鉄鉱石（酸化鉄）を還元する．炉内で利用されなかった部分は高炉ガスとして排出されるが，これは燃料ガスとして製鉄所内の熱風炉や加熱炉で利用されたり，発電に利用されたりする．

(4) コークス炉原料化　コークス炉の原料である石炭の一部を代替する目的で，廃プラスチックをコークス炉原料として使用するというリサイクル技術である．

破砕，選別，減容成形などの前処理をした廃プラスチックは，石炭と混合されてコークス炉の炭化室に装入され，無酸素状態で約 1200℃ まで加熱，乾留され，装入から約 20～24 時間でコークスとなる．この時，廃プラスチックは 400℃ 程度で熱分解し 500℃ でほぼ完全に炭化する．製造されたコークスは製鉄所の高炉に投入され鉄鉱石の還元剤として利用される．

コークスの製造に伴ってコークス炉で発生する炭化水素油（軽油とタール）は，製鉄所内で化学原料として利用され，水素とメタンが主成分であるコークス炉ガスは製鉄所内の発電所などで燃料として利用される．

コークス炉原料化，高炉原料化のいずれの場合も，廃プラスチック中の塩素系プラスチックは前処理段階で取り除かれる．

(5) モノマー化　ポリマーである廃プラスチックを解重合して原料モノマー（あるいは中間原料）に戻すリサイクル技術であり，このモノマー（あるいは中間原料）を重合して再びポリマーに戻すことができる．現在，廃 PET ボトルや廃ポリエステル繊維を対象に実用化されている．

ボトル用 PET やポリエステル繊維の化学構造はポリエチレンテレフタレートであり，解重合を行うことにより原料のテレフタル酸（またはジメチルテレフタレート）とエチレングリコールあるいは中間原料のビスヒドロキシエチルテレフタレートに戻すことができる．そして，それらを重合（重縮合）することにより再びポリマーを製造することが可能であり，たとえば PET ボトルをリサイクルして PET ボトルに戻すことも可能になる．

$$\underset{\text{ポリエチレンテレフタレート}}{-\!\!\left[\mathrm{OCH_2CH_2O\text{-}CO\text{-}C_6H_4\text{-}CO}\right]_n\!\!-} \underset{\text{重合}}{\overset{\text{解重合}}{\rightleftarrows}}$$

$$\underset{\text{テレフタル酸}}{n\,\mathrm{HOOC\text{-}C_6H_4\text{-}COOH}} + \underset{\text{エチレングリコール}}{n\,\mathrm{HOCH_2CH_2OH}}$$

c. サーマルリサイクル

廃プラスチックが含有しているエネルギー（燃焼熱）を取り出し，これを利用するのがサーマルリサイクル（エネルギー回収）である．

生ごみなどを含む都市ごみ中のプラスチックや，使用済みの自動車や家電製品から出る破砕屑（シュレッダーダスト）中にある金属，布，ガラスなどと混合したプラスチックなど，材料リサイクルや原料リサイクルが困難な廃プラスチックが対象となっている．

（1）サーマルリサイクルの方法　サーマルリサイクルの具体的方法としては，

① プラスチックを含む都市ごみを固形燃料（RDF）化して，工場や各種施設のボイラなどで燃料として用いる．
② 混合廃プラスチックを破砕・粉砕したものや都市ごみの RDF を，石炭とともにロータリーキルンに投入してセメント製造用の燃料として利用する．
③ ごみ焼却炉に付設した廃熱ボイラで蒸気を発生させて，電力や熱として利用する．

などが行われている．また，ごみを広域収集することと，燃料としての高カロリー化や形状安定化などを目的に，複数の地域で都市ごみを RDF 化し，これを1ヶ所の焼却設備に運んで発電する方式（RDF 発電）も始まっている．

図 7.5 に示した廃プラスチックのサーマルリサイクルの内容をみると，サーマルリサイクルされた 345 万 t のうち，RDF とセメントキルンでの利用が合わせて 6 ％，焼却施設の廃熱ボイラで蒸気を発生させて発電した分が 55 ％，同じく温水，蒸気として熱利用した分が 39 ％となっている．

（2）ガス化溶融炉　灰分の減容化により埋立地の逼迫に対処でき，ダイオキシン類の発生も十分に抑制でき，さらに，高効率発電に対するニーズにも応えられるということから，近年ガス化溶融炉の建設が急速に進められ，2000 年度の 11 施設から 2002 年度には 43 施設となった．

ガス化溶融炉とは 500～800℃で廃棄物をガス化し，さらに 1000～1500℃での燃焼により灰分を溶融，スラグ化して有効利用できるようにし，埋立処分量を大幅に減らそうというものである．高温によりダイオキシン類は完全に分解され，かつ排ガスを急冷することで再合成が防がれるために，ダイオキシン類の大気への排出は基準値よりもずっと低いレベルに抑えることができる．また，付設の高温高圧の廃熱ボイラで発生した蒸気を用いることにより高効率発電を行うことも

燃焼熱
物質が完全燃焼して発生する熱量（燃焼熱）を比べてみると，ポリエチレンやポリプロピレンでは 11 000 kcal kg^{-1} 前後あり，燃料の灯油と同じレベルの熱量を有している．

セメントキルン
セメントの製造には円筒形の回転炉（ロータリーキルン）を用いる．3～5 ％ 傾斜させて取り付けたキルンを回転させながら，上部より原料を入れ，下部に設置したバーナーで加熱する．原料はキルン中を下降しながら乾燥，加熱，焼成される．炉の大きさは直径 3～6 m，長さ 80～200 m で，約 500～7 000 t day^{-1} の焼成能力をもつ．

■ プラスチックの製造とリサイクル ■

プラスチック製品は，①石油を分留してナフサなどを得る，②ナフサを分解してエチレン，プロピレンやオフガスなどを得，エチレンから塩化ビニルモノマーやスチレンモノマーなどを誘導する，③エチレン，プロピレン，その他のモノマー類を重合してプラスチック材料にする，④プラスチック材料を成形加工してプラスチック製品を得るという工程を経て製造される．

プラスチックのリサイクル技術は，この製造工程を逆に進めることにほかならない．すなわち，材料リサイクルは④の逆工程であり，原料リサイクルには，③の逆反応である解重合によるモノマー化，②のオフガスまで戻すガス化，①の石油からの留分にまで戻す油化などがある．サーマルリサイクルは①の石油まで戻して，その燃焼によりエネルギーを得ることに相当する．

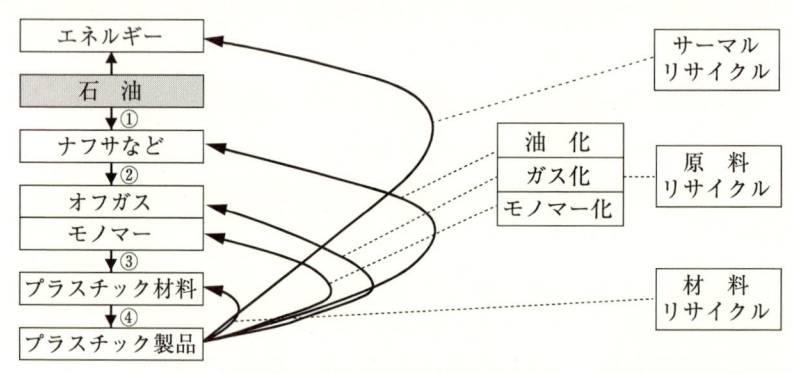

図 7.7 プラスチックのリサイクル

ナフサ 原油の常圧蒸留において沸点が約 30℃〜130℃ の留分はライトナフサとよばれ，その大部分は石油化学の出発原料となる．わが国における原油の蒸留・精製で得られる製品のうち 8％ 程度がこのナフサであり，その他は，ガソリン，灯油，軽油，重油など主としてエネルギー源となるものである．

できる．

ガス化溶融炉にはガス改質式とガス燃焼式があるが，原料リサイクルのところで取り上げた"ガス化"に用いられるのが前者であり，炉の後段の溶融部分でガスを完全燃焼させ，廃熱ボイラからの蒸気によって発電を行う場合に用いられるのが後者である．

(3) 廃棄物発電 今後は，ごみの焼却によって減量化・減容化して埋立量を減らすことに加え，化石燃料を節減する目的で，単純焼却からエネルギー回収（発電）を伴う焼却に転換することも必要である．

一般廃棄物からの発電と産業廃棄物からの発電とを合わせた廃棄物発電の総能力は，2000 年度には 111 万 kW であった．これに対し，経済産業省の総合資源エネルギー調査会・新エネルギー部会は，廃棄物発電の供給を 2010 年度までに 417 万 kW まで増加させることを目標として提示した．

廃棄物発電に伴う環境負荷を下げるためには，発電効率を高めることが必要である．従来は 10 数 % 止まりであった発電効率が，最新の設備では，ボイラ材料や熱交換技術の進歩により，20〜30 % の領域ま

発電効率
燃料がもっているエネルギー（燃焼熱）のうち，電気に変えられる割合を発電効率という．電力会社の火力発電所の発電効率の平均値は近年約 38 % になっている．

で高められている．そして，さらなる高効率化に向けた技術開発も進められている．

7.5 生分解性プラスチック

　生分解性プラスチックとは，自然界で加水分解あるいは微生物によって分解し，最終的には微生物によって水と二酸化炭素に分解されるプラスチックであり，生物圏における物質循環（リサイクル）に組み込まれうる材料である．

　これまでに多くの用途開発が進められているが，それらの中でも，農業用マルチフィルムや移植用苗ポットなど，自然環境中で使用され使用後は完全に分解されるために回収が不要となるような用途や，堆肥用生ごみ袋や紙おむつなど，使用後は生ごみとともにコンポスト（堆肥）化処理され速やかに分解されるような用途が，今後伸びていくものと期待されている．

　生分解性プラスチックの場合は，通常のプラスチックと同様，用途に適合した物性と加工性を付与するような化学構造をもたせると同時に，自然界の微生物によって分解されるような化学構造にすることが必要である．これまでに開発された生分解性プラスチックには，デンプン系，セルロース系，キチン系など天然高分子由来のものと，脂肪族ポリエステル，ポリビニルアルコール，ポリアミノ酸，その他の合成高分子系，ならびにそれらの混合系がある．

　最近では，合成高分子系の脂肪族ポリエステルおよびその共重合体が開発の中心になっている．中でも式（1）のポリ乳酸や，式（2）に示す共重合ポリエステルのポリブチレンサクシネート/テレフタレート（PBST）とポリエチレンサクシネート/テレフタレート（PEST）などの用途開発と工業化が進んでいる．

$$-\!\!\!+\!\!\text{OCHCH}_3\text{CO}\!\!+\!\!\!_n \qquad (1)$$

$$-\!\!\!+\!\!\text{O}(\text{CH}_2)_x\text{O-CO}(\text{CH}_2)_2\text{CO}\!\!+\!\!\!_m\!\!+\!\!\text{O}(\text{CH}_2)_x-\text{CO}-\text{C}_6\text{H}_4-\text{CO}\!\!+\!\!\!_n$$
$$\text{PBST}(x=4),\ \text{PEST}(x=2) \qquad (2)$$

　ポリ乳酸の出発モノマーである乳酸は，式（3）のようにデンプンから経済的に製造することができる．したがって，植物由来のモノマーすなわち再生可能な原料を用いるという観点からも，その開発に拍車がかかっており，米国では年産14万tのプラントが稼動している．

$$\text{コーン} \longrightarrow \text{デンプン} \underset{\text{加水分解}}{\longrightarrow} \text{グルコース} \underset{\text{発酵}}{\longrightarrow} \text{乳酸} \underset{\text{重合}}{\longrightarrow} \text{ポリ乳酸} \qquad (3)$$

　生分解性プラスチックが今後どれだけ普及するかは，市場が生分解

性という機能をどう評価するかにもよるが，とりわけ生分解性プラスチックの価格を，同種の用途に用いられている既存プラスチックの価格に，現在の数倍というレベルから，どの程度まで近づけうるかにかかっているといえる．一方，将来的には石油化学をベースとしたプラスチックから脱却して，ポリ乳酸のような植物由来の再生可能な原料を用いたプラスチックに転換することが必要になるとの考え方もある．

7.6 リサイクル技術の選択

いずれのリサイクル技術を採用するかは，基本的には廃プラスチックが回収された状態による．すなわち，一種類のプラスチックとして回収された場合は材料リサイクルやモノマー化が，複数の種類の混合プラスチックの形で回収された場合は原料リサイクルが，そして異物の混入や汚染が激しい場合にはサーマルリサイクルが適しているといえる．

具体的な事例においてリサイクル技術を選択するには，製品の生産から流通，消費，廃棄に至る全ライフサイクルにわたっての環境影響評価（life cycle assessment；LCA）のような客観的評価手法を用いて比較検討する必要がある．そのとき，環境への影響（環境負荷）を小さくすることと合わせて，リサイクルに掛かる総コストを低くすることも考慮すべきである．すなわち，環境への影響と社会的コストの両者を考慮したうえで選択することが重要であり，それによって，そのリサイクル技術を継続して実施し，さらには拡大してゆくことが可能になる．

このような考え方に立った評価の具体例として，欧州プラスチック生産者協会（APME）が公表したエコ効率（eco-efficiency）評価の結果を取り上げてみよう．これは欧州におけるプラスチック製容器包装の廃棄物を対象に，実際に行われている回収・分別や処理の方法をベースにしたものである．評価結果を図7.8に示すが，これから次のようなことが読み取れる．

① 埋立100％の場合は環境負荷がもっとも大きく，コストはもっとも低くなる．
② 50％リサイクルの場合，環境負荷はもっとも小さいがコストは他の場合よりも大幅に高くなる．
③ 15％の材料リサイクルと85％のエネルギー回収を組み合わせた場合に，現状よりも低いコストの中で最大限の環境負荷の低減ができる．

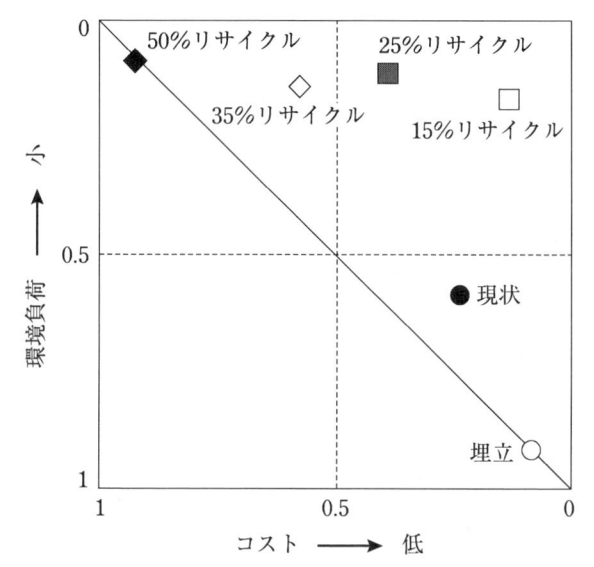

図 7.8　廃プラスチック処理のエコ効率評価
［資料：APME］

④ 材料リサイクルと原料リサイクルを組み合わせて，25，35，50％とリサイクル率を上げていっても，コストの増加につながるだけであり，明確な環境負荷の削減にはならない．

ここで，図中の●印で示した"現状"においては，材料リサイクルと原料リサイクルが合わせて15％，エネルギー回収（サーマルリサイクル）も15％で，埋立が70％となっている．そして，リサイクルの％を変えた4つのケースでは，材料リサイクルと原料リサイクルを合わせた割合がそれらの数字であり，残りはすべてエネルギー回収という場合を想定している．

なお，①〜④のような結果が得られた背景には次のようなことがある．

（ⅰ）欧州では埋立の環境への影響，とくに地下水汚染の懸念が高まっている．

（ⅱ）15％までの材料リサイクルであれば，単一のプラスチックからなる汚染の少ない廃棄物の範囲で可能であり，回収・分別のコストは低くなる．

（ⅲ）最新の効率のいいエネルギー回収では，環境負荷が小さくなっている．

（ⅳ）材料および原料リサイクルを組み合わせてリサイクル率を35％とか50％にまで上げるには，異物の混入した混合プラスチックの廃棄物までを扱うことになり，回収・分別や処理のコストが大幅に上昇する．

8 エネルギーと社会

　人類の社会活動や経済成長の基盤となるエネルギーの消費は人口増加や経済発展のため加速度的に増加しており（図8.1），40年前の100年で消費していたエネルギーを現在ではわずか15年で消費しているといわれる．さらに，人口増加や発展途上国の発展に伴い，この先数十年間でエネルギー消費の倍増が見込まれている．

　現在のエネルギー源は化石燃料やウランなどの枯渇性エネルギーに依存しており，太陽エネルギーなどの環境に優しい自然のエネルギーの有効利用や新しい環境調和型エネルギーシステムの確立が望まれている．その背景には，化石燃料の大量消費により排出される窒素酸化物や二酸化炭素が酸性雨や地球温暖化などの地球環境問題を引き起こしており，未来を支えるエネルギー源は環境に調和したクリーンなものでなければならないとの反省がある．

　本章では，現在社会のエネルギー構造について概観するとともに，今後ますます重要となる地球に優しいクリーンエネルギー開発の試みについて，地球環境問題解決への政治的取り組みを含めて概説する．

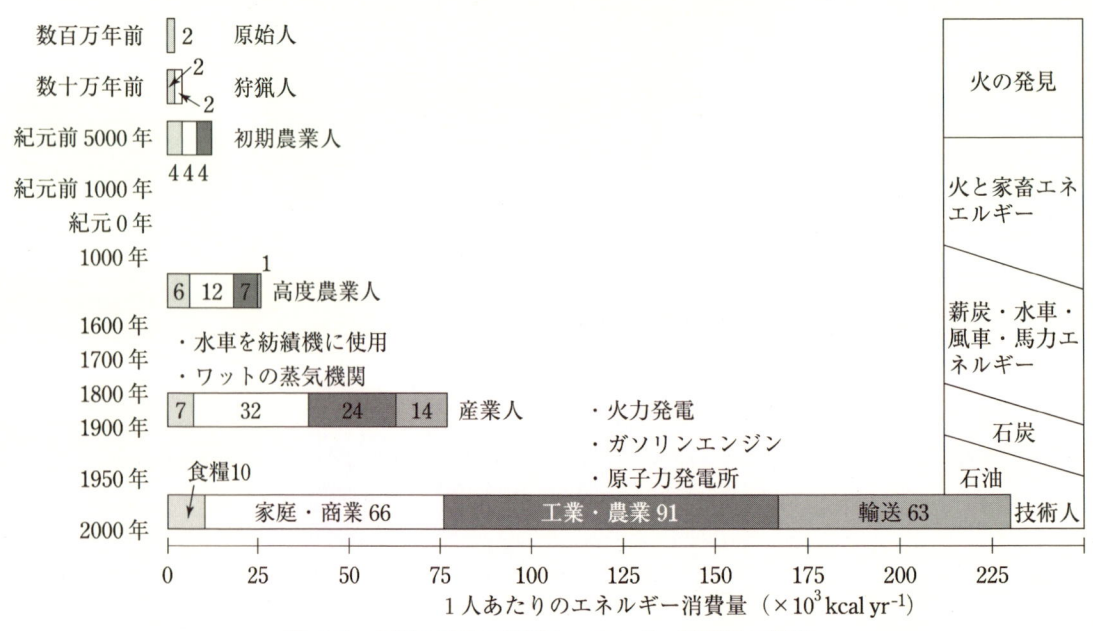

図 8.1　人類の歴史の進展とエネルギー消費量の関係

8.1 化石エネルギー

a．エネルギーの資源と消費

化石エネルギーとは，石油，石炭，天然ガスなどの化石燃料により得られるエネルギーの総称である．化石燃料は，大昔のプランクトンや微生物，動植物質が高温高圧の地殻中で化学反応し生成したと考えられており，その源は数億年前に太陽エネルギーが大気中の二酸化炭素の固定化を通して蓄積されたものである．化石燃料の燃焼はこの逆の過程であり，エネルギーを生み出す過程で必然的に二酸化炭素の放出を伴う．

図8.2に各国の一次エネルギーの供給構成を示す．エネルギーをもっとも消費している国は米国であり，国民1人あたり石油換算で26 L day^{-1}のエネルギーを消費している．一方，日本は約12 L day^{-1}である．12 L day^{-1}のエネルギーは1人が1日あたりに必要とする食物エネルギーの50倍に当たり，現代社会のエネルギー消費量の大きさが理解できる．エネルギー源別構成比を見てみると米国，日本においては一次エネルギーの80％以上を，石油，石炭，天然ガスに依存していることがわかる．まさに，現代社会の豊かさは化石エネルギーに支えられているといえる．しかし，化石エネルギーの埋蔵量は有限であり，このままの消費を続ければいずれは枯渇する．

表8.1に世界のエネルギー資源埋蔵量を示す．確認可採埋蔵量(R)と年生産量(P)から，可採年数(R/P)が石油で約40年，天然ガスで約60年，石炭で約200年，化石燃料ではないがウランで約60年と試算

一次エネルギーと二次エネルギー

一次エネルギーは，自然界から直接採取または利用されるエネルギーのことで，石油，石炭，天然ガス，ウラン，水資源，地熱のほか，太陽光や風力も含まれる．二次エネルギーとは，一次エネルギーを加工して得られる電力や各種石油製品，都市ガスなどを指す．このように，一次エネルギーは二次エネルギーに転換され，日本においては最終的に産業部門(43％)，民生部門(29％)，運輸部門(28％)において消費される．

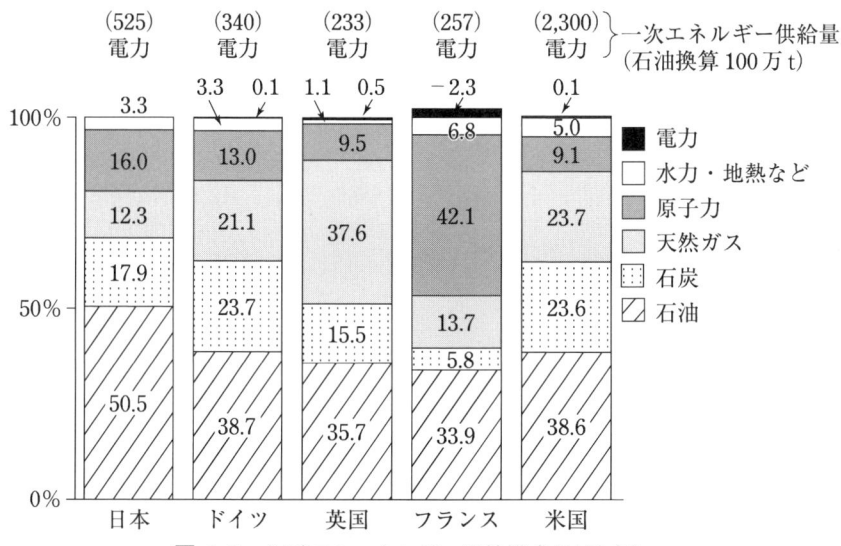

図8.2 主要国のエネルギー供給構成(2000年)
一次エネルギー供給量とエネルギー源別構成比

表 8.1 世界のエネルギー資源埋蔵量（2000年）

		石 油[1]	天然ガス[1]	石 炭[1]	ウラン[2]
埋蔵量の割合(%)	北 米	3.4	4.3	26.0	17.9
	中南米	11.7	5.2	2.3	6.2
	欧 州	1.9	3.5	12.4	4.8
	旧ソ連	6.4	37.8	23.4	29.4
	中 東	65.3	35.0	0.0	0.0
	アフリカ	7.1	7.4	6.2	18.6
	アジア・大洋州	4.2	6.8	29.7	23
確認可採埋蔵量（R）		1兆460億 barrel	150兆 m³	9842億 t	395万 t
年生産量（P）		262億 barrel	2.4兆 m³	43.4億 t	3.5万 t
可採年数（R/P）		40年	61年	230年	64年

［出典：1) BP統計 (2001年), 2) OECD/NEA, IAEA URANIUM (1999)］

されている．図8.3に長期の化石燃料の需要と供給を示す．世界人口が120億人で飽和すると仮定し，省エネルギーが進み，先進諸国の現在のエネルギー使用量の1/3である1人平均1.7 toe（toe：石油換算トン）の化石燃料エネルギーを1年間で使用するとして予想したものである．

石油・天然ガスの使用量は2000年代後半にピークを迎えあとは単調に減少する．2100年中程で石炭の使用量がピークに達した後は急激なエネルギー不足の状況が到来することがわかる．また，2000～2100年代の間は現在と比較してさらに大量の化石燃料を消費するので，放出される NOx や SOx などの環境汚染物質による環境汚染や CO_2 による地球温暖化問題が深刻化することが予想される．これらの予想に基づき，化石エネルギー基盤の社会システムから太陽光エネルギーや風力エネルギーを含む環境に優しいクリーンなエネルギー基盤の社会システムへの移行が叫ばれているのである．

しかし，図8.2にあるように，現在，米国や日本で利用されている

石油換算トン（ton oil equivalent；toe）
化石燃料などの量を石油換算1tあたりの熱量を1単位として換算して表したもの．
［石油換算］1t＝1toe
石油（原油）1.08 kL
　　　　　　6.79 barrel
石炭　　　　1.433 t
天然ガス　　1111 m³
ウラン　　　0.0001 t

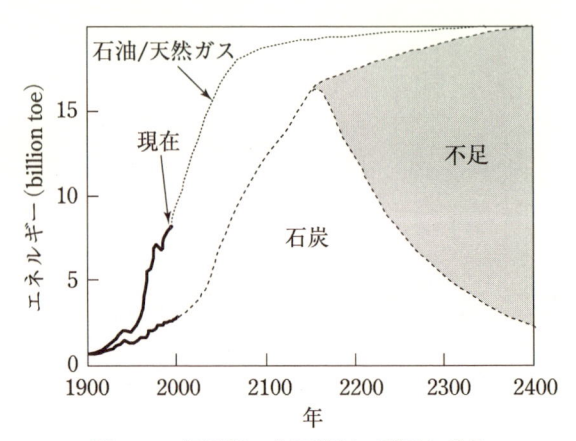

図 8.3　超長期の化石燃料の需要と供給
［出典：次世代エネルギー構想，エネルギーフォーラム社］

環境に優しい自然のエネルギーは水力・地熱を含めて5％以下の非常に小さい値となっており，これらの自然エネルギーの利用が本格化するまでは化石燃料に頼らざるを得ない状況となっている．一方で，京都議定書が発効した現在，先進諸国全体において放出するCO_2を含む温暖化ガスを2008～2012年までに1990年比で5.2％削減することが義務づけられており，化石燃料に代わるクリーンエネルギーの開発と化石燃料の有効利用が今までになく厳しく求められている．コジェネレーション型のガスタービンや燃料電池を用いて，化石燃料からクリーンな省エネルギー型発電を行うとともに環境汚染物質の排出量を削減する取り組みが，精力的に研究されている．

b．天然ガス・石炭の有効利用

化石燃料のうち，天然ガスは燃焼時のCO_2生成量が少なく，同熱量あたりのCO_2生成量は，天然ガスに比べて石油では約1.3倍，石炭では約1.7倍である．よって天然ガスは環境負荷の少ない化石燃料であり，コジェネレーション形ガスタービンや燃料電池の燃料，化学工業製品材料として利用の拡大が期待される．また，天然ガスの主成分であるメタンガスは海底や凍土地帯にメタンハイドレートとして大量に埋蔵されており，近未来のもっとも有望なクリーンな化石燃料として注目されている．

石炭はCO_2放出量が多いものの，可採年数が200年以上と豊富な

コジェネレーション
石油やメタンガスなどの一次エネルギーから，ディーゼルエンジン，ガスタービンや燃料電池によって動力や電力を得るとともに，発生した排熱を利用することで蒸気や温水を得，エネルギーの有効使用を図る方法のこと．エネルギー効率はシステム全体で70％以上になる．

メタンハイドレート
メタンハイドレートとは，低温，高圧状態で安定に存在する水分子とメタン分子からなるシャーベット状の固形物質である．水素結合により水分子が作るクラスター構造中にゲスト分子であるメタンを取り込んだ結晶構造をとる．凍土地帯や大陸縁辺部の海底地層中に$10^{15}\,m^3$オーダーの埋蔵量（現在の天然ガス確認埋蔵量の数十倍）を誇るとされており，次世代天然ガス資源として注目されている．

■ 原子力エネルギー ■

2003年現在，日本の商業用原子力発電所は52基，発電量は4570万kWであり，米国，フランスに次いで世界第3番目の規模となっている．日本の全発電電力量に対する原子力発電の割合は約35％を占める．

代表的な原子炉の形式は熱中性子炉であり，燃料には約4％に濃縮したウラン235を用いている．ウラン235の核分裂はエネルギーが1eV以下の熱中性子の吸収により引き起こされる．核分裂の結果，熱エネルギーとともに，ウラン235から平均2.5個の高エネルギー中性子が放出される．高エネルギー中性子は水などの減速材により減速され熱中性子となり，別のウラン235の核分裂を誘起する．このように核分裂の連鎖反応が起こり（臨界状態），エネルギーを継続的に取り出すことができる．原子炉内では，ホウ素など中性子を吸収する物質からなる制御棒によって臨界状態を制御しエネルギーを取り出している．

濃縮されたウラン235のペレット（高さ直径とも1cm程度）一つが石油300kgのエネルギーに相当し，核分裂により放出されるエネルギーの大きさをうかがい知ることができる．100万kWの原子力発電所1基にはペレット1000万個が用いられている．

原子力エネルギーを用いると，CO_2を排出することなく電力エネルギーを取り出すことができる．しかし，燃料と発電後の廃棄物に有害な放射性物質を含むので，発電時の運転管理と燃料および放射性廃棄物の安全管理を徹底せねばならない．

埋蔵量を誇る．近年，環境負荷を減らして石炭を有効に利用する石炭ガス化複合サイクル発電が注目されている．これは，石炭を水素，一酸化炭素やメタンにガス化し，これらを高温で燃焼させタービン発電するとともに，その排熱を回収して蒸気タービンを回し，効率よく電力を取り出す発電方式である．これが実現すれば通常の石炭火力発電に比べ CO_2 の排出量を2割削減することが可能となる．

8.2 環境に優しいクリーンなエネルギー

前節で述べた化石エネルギーはやがて枯渇するが，それと異なりエネルギー量が無尽蔵であり，環境に調和したクリーンエネルギーの利用が注目されている．表8.2に，地球上で利用できる環境に優しいクリーンなエネルギー源とその潜在的エネルギーの大きさを示す．太陽エネルギーはエネルギー量でみるとクリーンエネルギーのほとんどを占めており，その直接的な利用として太陽光発電と太陽光の熱利用がある．また，水力発電，風力発電，バイオマス（生物資源）利用，波力発電といったクリーンエネルギーも，元をたどれば太陽エネルギーの間接的な利用ということができる．このほか，地熱エネルギーもクリーンエネルギーの一つである．

化石燃料の枯渇や放出 CO_2 による地球温暖化問題などが叫ばれる中，今後環境に優しいクリーンエネルギーの有効利用の必要性はますます高くなると考えられる．とくに太陽光エネルギーは無尽蔵であり，エネルギー密度が低く大容量のエネルギー獲得が難しいという難点はあるものの，今後重要性が高まることは疑いないであろう．本章では，太陽光を中心に，代表的なクリーンエネルギーについてそのエネルギー変換方法を含めて概説する．

表 8.2 地球上での自然エネルギー資源とその量

エネルギー名	年間のエネルギー量/10^{12} W	比率/%
太陽エネルギー	81 000	66.7
水力エネルギー	40 000	32.9
風および波エネルギー	370	0.3
生物エネルギー	40	0.03
潮汐エネルギー	3	—
火山・温泉エネルギー	0.3	—
地殻エネルギー	32	0.02
総　計	121 445.3	100

a. 太陽光エネルギー

地球上に降り注ぐ太陽光エネルギーは約 $1.77 \times 10^{14}\,\mathrm{kW}$ であり，その1時間分は世界が消費している1年間分のエネルギーに相当するといわれる．このうちの約30％が大気圏に入射する前に反射され，残りの70％（$1.2 \times 10^{14}\,\mathrm{kW}$）を地球が受け取ることになる．このように膨大な太陽光エネルギーも，地上では $1\,\mathrm{kW\,m^{-2}}$ とエネルギー密度が低いため，効率よく利用するには各家庭などで発電設備を設置するような分散型のエネルギー利用法をとることが有効と考えられる．現在，住宅用や建築物用として用いられている太陽光発電では，もっぱらシリコン太陽電池が用いられている．

（1）太陽電池の仕組み　シリコン（Si）のような半導体（真性半導体）に半導体のバンドギャップ（囲み記事参照）よりも大きなエネルギーを有する光を照射すると，半導体内に電子と正孔が生成する．高純度シリコンの場合，光照射により生じた電子と正孔は半導体中をランダムに動くため外部に電流として取り出すことはできない．

分散型（オンサイト）
電力が必要な場所に最適なサイズのシステムを設置することを指し，排熱の有効利用や送電ロスを省くことにより省エネルギーに貢献する．

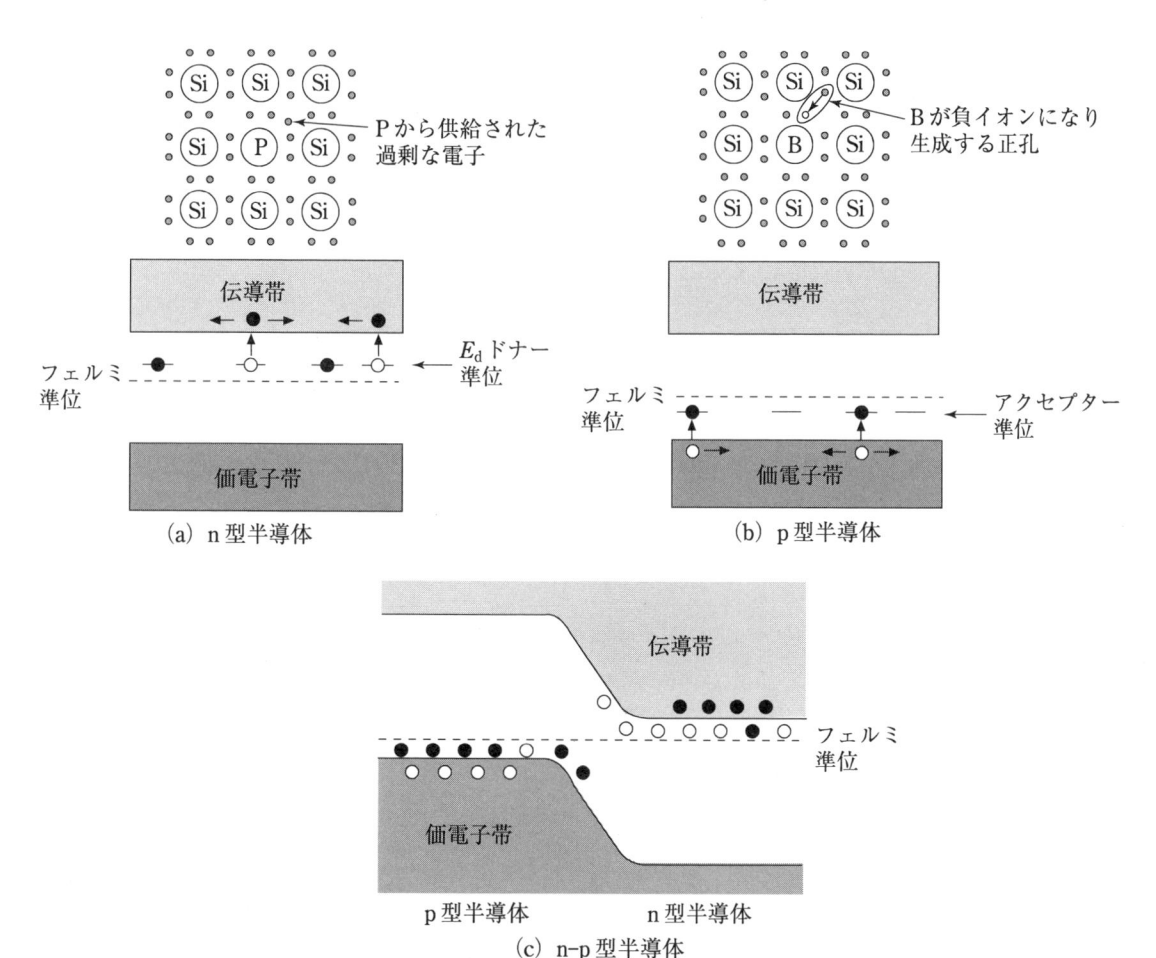

図 8.4　n型半導体，p型半導体，p-n接合時のバンド図

図8.4 (a) に示すように，シリコン（4価）に比べ価電子が1個多いリン(P：5価)を不純物として加えるとリンから供給された過剰な電子が1個余ることになる．この電子は，伝導帯のすぐ下の不純物準位（ドナー準位）を占有しているが，熱エネルギーにより伝導帯に励起され導電性を示す．このような半導体をn形半導体とよぶ．

また，シリコンに価電子が一つ少ないホウ素(B：3価)を不純物として加えると電子が1個不足する図8.4 (b)．この結果，価電子帯のすぐ上に空の不純物準位（アクセプター準位）が形成される．価電子帯の電子は熱エネルギーによりアクセプター準位に容易に励起される．この結果，価電子帯に1個の正孔が生成し導電性を示す．このよ

半導体

固体状態の物質は，電気をよく導く金属などの良導体と電気抵抗が非常に大きいダイヤモンドなどの不導体に大別される．一方，半導体は導体と不導体の中間程度の電気伝導率を示す．

図8.5に，Si半導体結晶（$1s^2 2s^2 2p^6 3s^2 3p^2$ 電子配置）の電子軌道の模式図を示す．結晶中では最外殻の3s軌道と3p軌道はsp^3混成軌道を形成するが，2個の3s軌道と6個の3p軌道は結合性軌道4個と反結合性軌道4個とに別れ，それぞれが電子が充満する価電子帯と空の伝導帯を形成する．価電子帯と伝導帯との間のエネルギー差をバンドギャップとよぶ．バンドギャップの大きさが1eV程度であると，室温付近の温度においても価電子の一部は伝導帯に励起され伝導電子となる．同時に価電子帯には電子の抜けた後に正孔が生成する．これら伝導電子と正孔が電荷キャリヤーとなり導電性が発現する．したがって，半導体の導電性は，温度の上昇とともに増大する．

一方，バンドギャップの幅が3eV以上の大きさになると，価電子帯から伝導帯に熱的に励起される電子の数がきわめて少なく，不導体と見なすことができる．このように，バンドギャップの大きさにより電気伝導性が決まる半導体を真性半導体という．真性半導体では，電子の占有確率が1/2となるフェルミ準位はバンドギャップの中央に位置することになる（図8.4参照）．

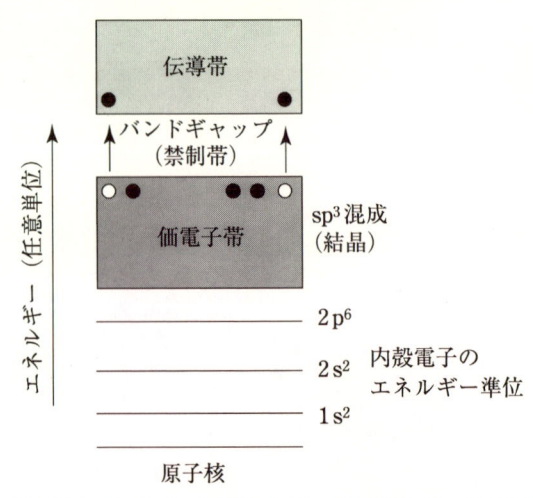

図8.5 Si原子の3sと3p軌道およびsp^3混成軌道，Si半導体結晶の価電子帯と伝導帯およびバンドギャップ

うな半導体をp形半導体とよぶ．n型半導体とp型半導体を接合(pn接合)すると，それぞれのキャリアー(電子および正孔)は接合部に移動するのでn型半導体は正に，p型半導体は負に帯電する．この状態で光照射を行うと生成した電子はn型半導体，正孔はp型半導体に移動するため電流を取り出すことができる．これが太陽電池の基本原理である．

(2) 太陽電池の種類 太陽電池は材料によりシリコン系と化合物系($CdTe$，$GaAs$など)に分類される．シリコン系太陽電池は，単結晶シリコン，多結晶シリコン，アモルファスシリコン太陽電池に分類できる．

単結晶シリコン太陽電池は，約 1400°C で溶融したシリコンから引き上げ法により製造した高純度単結晶シリコンを基板として作製される．光-電変換効率，信頼性，コストともに比較的安定しており．単結晶シリコンの光-電変換効率は理論的には 24〜26％，製品レベルで約 16％ である．

一方，多結晶シリコン太陽電池は，約 1400°C で溶融したシリコンを冷却した多結晶シリコンから作製される．多結晶シリコン基板は低純度シリコンを原料に用いることができ，製造過程が簡略化できるため低コストであるが，結晶方位が一様でなく欠陥密度も高い．このため光-電変換効率は単結晶シリコン太陽電池に比べ低くなる．

アモルファスシリコン太陽電池はガラスなどの低価格基板の上に，真空チャンバー内で SiH_4 ガスから薄膜状にアモルファスシリコンを成長させてつくる太陽電池である．初期の段階で 10％ 程度光-電変換効率が劣化するものの，変換効率は製品レベルで約 9％ であり，使用するシリコン量の大幅な低減が可能なことから将来の低コスト薄膜太陽電池の候補として期待されている．

化合物半導体の $GaAs$ は，シリコン系に比べて光-電変換効率が高く劣化が少ないうえ，温度上昇による特性低下が少ないなどの利点を有するが，製造コストがもっとも高いという問題がある．

1998 年の世界生産量は単結晶シリコンが 60 MW，多結晶シリコンが 67 MW，アモルファスシリコンが 19 MW，また化合物系 $CdTe$ が 1.2 MW である．太陽電池の生産量の増加率は著しく，1997 から 2001 年の5年間で約3倍となっている．

(3) 太陽光発電システムの特徴 太陽光発電は太陽光エネルギーを直接電気エネルギーに変換するため，NOx や CO_2 などの排出のないクリーンな環境調和的発電システムである．設備建造，建設時等における CO_2 排出量を考慮しても，石油を燃料とした火力発電の 10％

太陽電池の発電コスト
2000 年の時点で，太陽電池システムの価格は1kWあたり約90万円である．年間発電量を 3000 kWh，システム寿命を20年とすると，太陽電池(3 kW)の平均の発電コストは1kWあたり40〜50円となり，火力や風力発電の電力原価10円に比べて約5倍の発電コストとなっている．

以下の CO_2 排出にとどまるとされている．石油火力発電におけるCO_2 排出量は 1 kWh あたり 196 g（炭素換算）であるが，多結晶シリコン型太陽電池の場合，建造時に必要なエネルギーを考慮しても，CO_2 排出量は 1 kWh あたり 13 g（炭素換算）にとどまると試算されている．

また，太陽電池の性能を評価する尺度としてエネルギーペイバックタイム（EPT）がある．EPT とは太陽電池の製造に要したエネルギーを太陽電池発電により回収するのに必要な期間で定義される．多結晶シリコン太陽電池の製造では，シリコンの製造過程が全製造エネルギーの 7 割以上を占めるが，インバーター（直流交流変換器）などの周辺機器の分も含め EPT は 2〜3 年と計算されている．

アモルファスシリコン太陽電池では，厚さが数 μm であり使用シリコン量が少ないため EPT は約 1.5 年程度と計算されている．結晶性シリコン太陽電池の寿命は約 20 年程度であるので，EPT と比べれば数倍以上の期間発電が可能である．太陽光発電によるエネルギーを用いて太陽電池が製造できるようになれば，製造時・発電時において CO_2 や NOx などの環境汚染物質を排出しない環境に調和したクリーンなエネルギー創製システムが確立できることになる．これには，システムのさらなる低コスト化や高効率化など解決すべき課題が数多く残されている．

(4) 色素増感太陽電池　　酸化物半導体の一種である二酸化チタン（TiO_2）微粒子に可視光を吸収する色素（S）を固定化吸着させた系では，可視光で励起された色素（S*）から二酸化チタン微粒子の伝導帯へ電子の注入が起こる．この電子を透明酸化物電極から金属対極へ流すことで電流を取り出すことができ，一方，電子注入後に 1 電子酸化

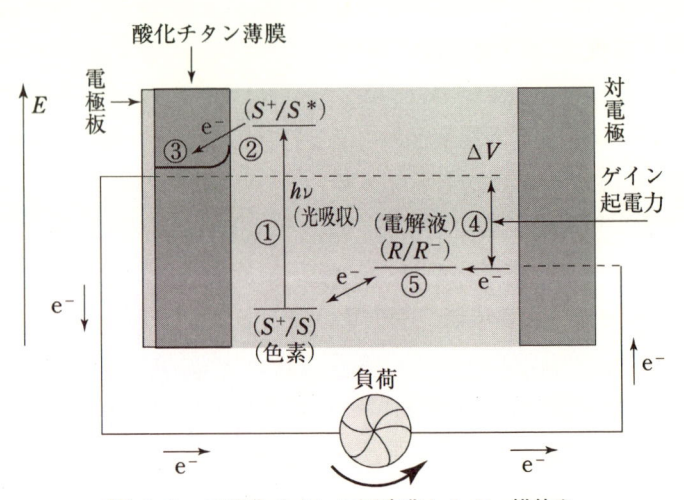

図 8.6　二酸化チタンに固定化した Ru 錯体を光増感色素とする Grätzel 型太陽電池

された色素 (S^+) は電解液 (R^-) から電子を受け取り，電子注入前の基底電子状態 (S) に戻る (図 8.6). このような原理に基づく太陽電池を，色素増感太陽電池とよぶ．この電池の起電力は，電解液の酸化還元電位と酸化チタンのフェルミ準位の差に対応する．

この新しいタイプの太陽電池については現在世界で活発に研究が進められており，色素としてルテニウム錯体 [Ru(4,4′-ジカルボキシル-2,2′-ビピリジン)$_2$(NCS)$_2$] を用い，I_2/I_3^- イオン電解液に展開した色素増感型酸化チタン湿式太陽電池 (Grätzel セル型太陽電池) では，約 13% の光-電変換効率が得られている．Ru 以外の各種の色素や酸化チタン微粒子以外の酸化物を用いての検討もなされているが，Ru 錯体の安定性と酸化チタン微粒子での逆電子移動による注入電子の失活が少ないことなどから，この組合せ以上の効率を示す他の系の報告はまだないようである．また，二酸化チタンは安定・無害なうえ安価であり，製造加工にあたり最先端の技術を必要としないというメリットがある．そのため，色素増感太陽電池は地球上の多くの地域で分散的に局所的に広く普及する要素を秘めており，地球環境保全の観点からも今後の発展が期待される．

b．風力エネルギー

風力エネルギーはクリーンな環境調和型のエネルギーであり，これを利用する風力発電は他の発電方法に比べて建設経費が安いことや建設にかかる時間が短いという利点があり，各国で分散的に局所的な積極的利用がみられるようになってきた．1999 年末時において世界で 1 年間に 4000 MW の設備容量を有する風力発電機が新設されており，世界の累積設備容量は 12000 MW 程度と見積もられている．利用規模がもっとも大きいのはドイツ (4440 MW) であり，ついでデンマークである．ドイツでは「電力供給法 (EFL，1991 年)」によって，電力会社に対して自然エネルギーを用いて発電した電力を消費者電力価格の 90% で購入することを義務づけており，風力発電の積極的な導入の原動力となっている．

風力発電の主流はプロペラ型であり，風車の回転軸が地面に対して垂直であり水平軸型風車とよばれる．効率が高く大型化も可能であるが，風向依存性があることや，発電機などの重量物を地上に設置できない欠点がある．一方，風向依存性がないパドル型などの垂直軸型風車もあるが，効率が低く自己起動や回転数制御が困難となっている．

風力エネルギーはエネルギー密度が低いため，風力発電システムの規模は大きくなる．プロペラ型 500 kW 風車の大きさは，ローターの直径が約 40 m，風車中心までの高さが約 50 m となる．また，風力エ

ネルギーは風速の3乗に比例するので風況のよい（年平均風速が5～6 m s^{-1} 以上で乱流が少ない）地域への設置が重要となる．プロペラ型500 kW 風車の建設費用は15～20万円 kW^{-1} であり，6 m s^{-1} の年間平均風速で9～11円 kW h^{-1} の火力発電並の低価格電力を得ることができ，経済的にも有望である．環境保全の観点からは，風力発電は石油火力発電に比較して80％の CO_2 削減が可能と試算されている．

c．水力エネルギー

水力発電は，太陽エネルギーに起因する水の循環過程で生まれた水の位置エネルギーを電気エネルギーに変換する発電であり，エネルギー変換効率は80～90％と非常に高く制御が容易であるという利点を有する．CO_2 排出量もきわめて少ない．1996年度の全世界での発電量は653 600 MW に達する．これは，世界の総発電電力量の19％にあたり，石炭（40％），石油および天然ガス（24％）に次ぐもので，原子力（17％）よりやや多い．水力発電は自然条件に大きく制約を受けるため，先進国の多くでは条件の良い地域での開発は終わっている場合が多く発電容量の増加率は低い．開発可能水力電力のうち，北アメリカでは73％，ヨーロッパでは40％近くが既に開発されている．アジアやラテンアメリカでは開発率は25～34％と低い．現在，中国，インド，ブラジル，ロシアなどを中心に1億 kW の水力発電が建設中である．

d．地熱エネルギー

地熱エネルギーも枯渇の心配がなく CO_2 排出量の少ないエネルギー資源である．設備建造や建設時等における CO_2 排出量を考慮しても，石油を燃料とした火力発電に比べ90％以上もの CO_2 を削減できるとされる．1998年における世界の地熱発電量は約8 000 MW である．わが国における地熱発電量は2000年時点で約550 MW である．地熱は気候や昼夜を問わない安定したエネルギー源であるため，設備容量では風力に及ばないものの発電量では風力の2倍以上と大きくなっている．

地熱発電方式としては，深度2 000 m 以下の温度200℃以上の蒸気や熱水を対象としてもっとも開発が進んでいる浅部熱水発電のほか，大量の低温熱水（150～200℃）を利用し，フロンやアンモニアなどの熱媒体を用いた熱交換機を通して発電するバイナリー発電があり，米国のインペリアルバレーでは60 MW の発電が行われている．また，地下に存在する乾燥高温岩体に水を導入し発生した水蒸気による発電を行う高温岩体発電がある．現在の地熱発電は，1 kWh あたり13～16円の発電単価となっている．

e．バイオマスエネルギー

　地球に到達する太陽エネルギーのうち 0.27 ％ が植物の光合成により取り込まれるが，これは世界の一次エネルギー消費の 10 倍に相当するエネルギー量である．

　バイオマスによるエネルギー利用とは，農林水産資源のみならず食品廃棄物や汚泥などの有機系廃棄物に貯蓄されているエネルギーを，一次エネルギーとして有効利用することを指す．消費量が光合成による再生産のレベルを超えなければ，バイオマスの消費は余分の熱も二酸化炭素も生成せず枯渇することもないため，バイオマスエネルギーはクリーンな再生可能エネルギーである．バイオマスエネルギーは現在，全世界のエネルギー需要のうち 10～15 ％ を占めるとされるが，欧米で約 5 ％，日本で 1 ％ と先進諸国では低くなっている．バイオマスをエネルギーに変換する方法として，直接燃焼のほか生物発酵を用いたメタノールやメタンへの変換，熱化学的手法によるガス化やメタノールなどへの液化などの多くの手法がある．

　また，嫌気発酵や光合成細菌を用いてバイオマスから水素を生成する試みも研究されている．しかし，生物発酵やガス化・液化に必要な設備が高価であり，バイオマス資源の収集・運搬にも費用が発生するため経済的でない場合が多く，バイオマスエネルギーの普及を妨げる原因となっている．

　スウェーデンでは木製バイオマスの燃焼により電力と熱を取り出すコジェネレーション型の技術開発を進めた結果，現在バイオマスエネルギーが総一次エネルギー供給の 15～19 ％ に達している．ブラジルではサトウキビをアルコール発酵させエタノールを取り出し，自動車燃料とすることでバイオマスエネルギーの活用を図っている．1980 年代には，エタノール燃料専用車が 500 万台，エタノール・ガソリン混合物を燃料とする車が 900 万台以上走っていたが，砂糖価格の上昇と

■ 廃棄物発電 ■

　生活廃棄物バイオマス利用の典型として，廃棄物の焼却熱を利用して廃棄物処理を行いながら発電を行う廃棄物発電がある．近年では，ガス化溶融炉を用いた廃棄物発電が注目されている．ガス化溶融炉発電では，廃棄物を 400～600 ℃ の熱分解炉で可燃ガスと焼却灰に転換する．この時点で鉄や銅などの各種金属は未酸化の状態で焼却灰から回収・再資源化される．

　この後，焼却灰は可燃性ガスなどにより 1300 ℃ 以上の高温で溶融処理され，ガラス状のスラグとして回収される．また，これらのプロセスで発生する熱によりタービン発電を行う．ガス化溶融炉発電では，高温燃焼のためダイオキシンの発生が少なく，また，焼却灰の容積も通常処理の 1/2 から 1/3 に低減できるなど，環境負荷が小さい特徴を有する．

ガソリン価格の下落により現在のエタノール利用率は大きく減少している．EU（ヨーロッパ連合）は全体として2010年までにバイオマスエネルギーの割合を総一次エネルギー供給の4～8％に引き上げる計画を進めている．米国のバイオマス発電計画では，早生樹を植林しバイオマスとして利用することで，約 $600\,km^2$ の面積で10万 kW の発電が可能と試算している．

8.3 水素エネルギーと燃料電池

a. 水素エネルギー

現在，社会のエネルギー構造はもっぱら化石エネルギーを基盤としているが，未来社会のエネルギーシステムにおいては，水素の果たす役割が非常に重要となると考えられている．その理由として，水素は燃焼により水のみを生じるクリーン燃料であり，地球環境問題を引き起こす SOx や CO_2 をまったく排出しないことがあげられる．図8.7に示すように太陽・風力などの再生可能な環境調和型のエネルギーを用いて地球上に豊富に存在する水を分解して水素を製造し，これを利用した発電が可能となればゼロエミッション（無公害）エネルギーシステムが完成することになるので，水素エネルギーへの期待は近年ますます高まっている．

米国エネルギー省によると，2040年に燃料電池自動車，および燃料電池を動力とする軽トラックによる消費される水素量は米国内のみでも1年間で150 Mtに達すると試算されている．この水素消費量は，現在，米国において天然ガスの改質により1年間に製造されている水

水の熱分解
水は1000℃程度の温度では分解しないが，下に示すような熱化学反応サイクルを用いると800℃程度で分解できる．この手法を用いると熱エネルギーを水素エネルギーに直接変換できるため，高い熱効率が期待されている．
$I_2(s)+SO_2(g)+2\,H_2O(l)$
$\quad \to 2HI(aq)+H_2SO_4(aq)$
$2\,HI(g) \to H_2(g)+I_2(g)$
$H_2SO_4(l) \to$
$\quad SO_2(g)+1/2O_2(g)+H_2O(g)$

水の電気分解
水の電気分解では高温ほど理論分解電圧が低く，両極での分極も小さくなる．高温高圧水電解は25～30％KOH水溶液を120℃，20気圧で水を電解する方法であり，高いエネルギー効率での水素製造が期待できる．また，固体酸化物電解質を用いた高温水蒸気電解もエネルギー効率の点からも有望である．

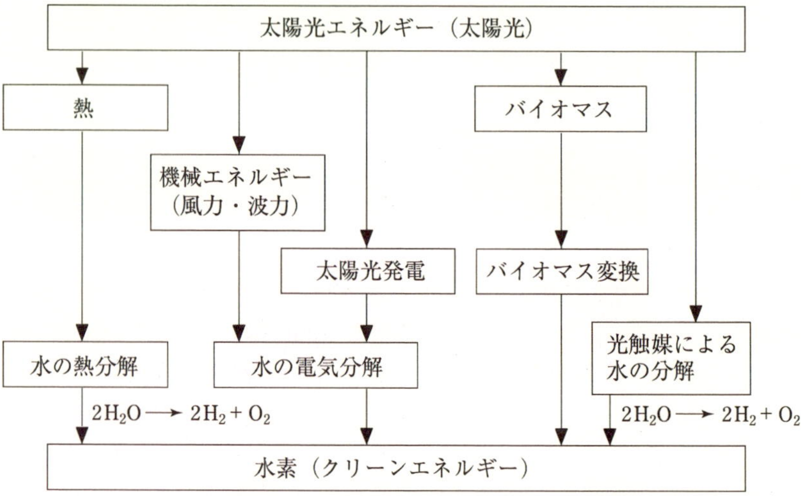

図 8.7 太陽光を用いた水素（クリーンエネルギー）の生成

素量（9 Mt）を大きく上回る．このように，近い将来において大きな水素需要過剰の到来が予測されている．このため，再生可能エネルギーを用いた水素の製造法の確立が急務となっている．クリーンな水素の製造法として，太陽熱を利用した水の熱分解法，太陽光・風力発電の電力を用いた電気分解法，光触媒を用いた水の分解のほか，バイオマス変換による水素生成などが提唱されている．

現在のところ，水素のほとんどが，触媒を用いた燃料改質により化石燃料からつくられているが，水素製造時の化学反応の結果としてCO_2が副生し，製造工程に必要なエネルギーを化石燃料の燃焼によりまかなうのでこの過程でも環境汚染物質が発生する．しかし，燃料電池などにより水素から効率よくエネルギーを取り出すことで，従来の化石燃料を用いた燃焼機関と比べ生成したエネルギーに対するCO_2，SO_x，NO_xの発生量を大幅に低減でき，地球環境の保全に貢献できると考えられている．

b．燃料電池の作用機構

クリーンな水素社会の到来には，水素の環境調和的な製造法とともに，水素からいかに効率よくエネルギーを取り出すかも重要な鍵となる．電力や動力のほとんどは火力発電やエンジンなどの熱機関から得られているが，熱機関の理論効率 n は，次式で与えられる．

$$n = \frac{T_2 - T_1}{T_2}$$

ここで，T_2 は高熱源の絶対温度/K，T_1 は低熱源の絶対温度/K である．

火力発電所のボイラー温度を550℃（823 K），水蒸気を水に戻す復水器の温度を30℃（303 K）とすると，燃焼により発生したエネルギーのうち最高で63％が電力として取り出せることになる．しかし，機械的ロスや伝熱ロス，排ガス処理のためのエネルギー消費を考えると最終的なエネルギー効率は40％程度となる．これは，化石燃料の代わりに水素を燃料として用いた場合も同じである．

一方，水素燃料から高効率に電力を取り出す方法として燃料電池が注目されている．燃料電池は水素を主燃料とし水素が酸素と化学反応するときのエネルギーを直接電力として取り出す発電システムである．燃料電池は，化学エネルギーを電気エネルギーに変換する点で化学電池に分類されるが，反応物である水素と酸素が連続的に供給され生成物の水が連続的に排出される点が特徴である．

燃料電池は，一般的に H^+ や O^{2-} などのイオンを通すことのできる電解質を炭素や多孔性金属からなる二つの電極がはさんだ構造をと

水の光触媒分解

酸化物半導体である二酸化チタンに少量のPtを付け水中で紫外光を照射すると，二酸化チタン中に電子と正孔が生じる．このように生じた電子がH^+イオンを還元し，正孔がOH^-イオンを酸化することで水素と酸素が生成する．このように，光照射下で化学反応を誘起する二酸化チタンのような物質を光触媒という．最近になって，豊富な可視光の照射下でも水を水素と酸素に分解できる光触媒（$NiO_x/In_{0.9}Ni_{0.1}TaO_4$）が報告され，太陽光を用いた水素製造法の一つとして期待されている．

燃料改質

メタノールやメタン，プロパンなどの燃料を高温下で触媒反応により水蒸気や酸素などと反応させ水素を得る方法を指す．メタノールの水蒸気改質は250℃程度，メタンの水蒸気改質は600℃程度で行われ，燃料により反応温度は異なる．燃料改質により生成した水素を燃料電池に用いる場合には，燃料電池の燃焼極のPt触媒を被毒するCOの生成をいかに抑えるかが重要となる．

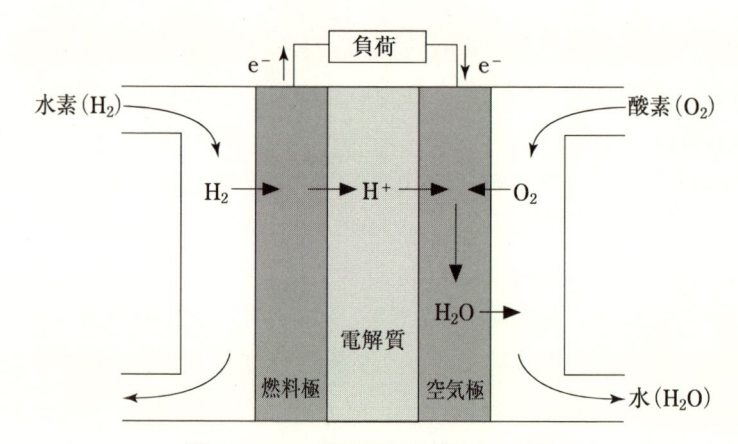

図 8.8 リン酸形燃料電池の作用機構

る．図 8.8 にリン酸形燃料電池の作用機構を示す．負極である燃料極に水素ガスが供給されると水素は燃料極内を拡散し，電解質との界面に到達する．燃料極と電解質の界面には白金の触媒層があり，ここで水素分子は水素原子に解離する．このように生じた水素原子はイオン化され，プロトン（H^+）と電子（e^-）となる．リン酸電解質はプロトンのみを透過する性質と（イオン伝導性）電子を通さない性質（電子非伝導性）を兼ね備えているため，プロトンは電解質中を通り空気極側へと移動する．

一方，電子は外部回路を通り空気極へと達するが，この過程で電力が取り出せる．空気極側では，触媒を通じて電極が電子を受け取り，

燃料電池の反応　$H_2(g) + 1/2 O_2(g) = H_2O(l)$　（25℃）

$T\Delta S = 48.7 \text{ kJ mol}^{-1}$

$E_0 = 1.229 \text{ V}$（理論電圧）

$-\Delta H = 285.83 \text{ kJ mol}^{-1}$

$-\Delta G = 237.13 \text{ kJ mol}^{-1}$

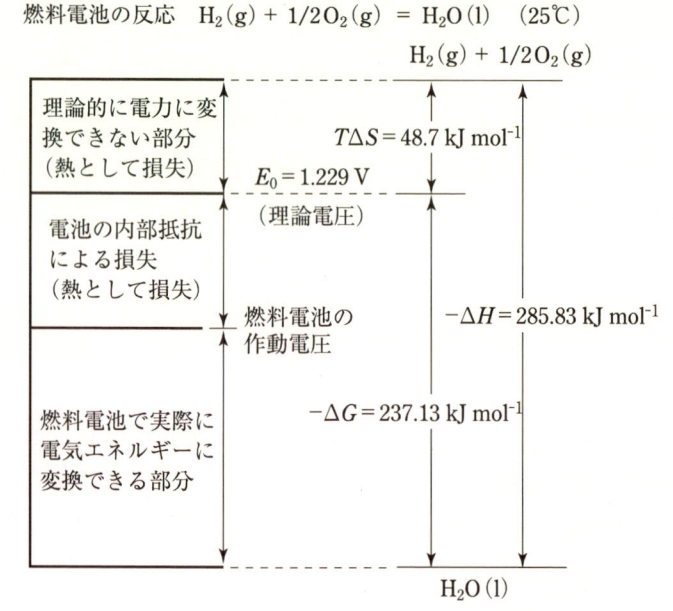

図 8.9 燃料電池反応の自由エネルギー変化（ΔG）と外部に取り出せる電気エネルギー量の関係

外部から供給される酸素とともに酸素イオンを生成し，これがプロトンと反応することで水を生成する．これらの反応式は図8.9に示すように $H_2(g) + 1/2 O_2(g) \rightarrow H_2O$ (l) となり，反応前後でのエンタルピー変化（ΔH）とギブスの自由エネルギー変化（ΔG）はそれぞれ $\Delta H = -285.83 \text{ kJ mol}^{-1}$ および $\Delta G = -237.13 \text{ kJ mol}^{-1}$ であるから，燃料電池の理論効率は $\Delta G/\Delta H \times 100 = 82.9\%$ と，上述した熱機関の理論効率の約63％に比べてはるかに高いことがわかる．

高い理論効率と水のみを生成するクリーンな発電システムであることが燃料電池の魅力となっている．実際には，燃料電池内部の抵抗分極や活性化分極によるエネルギー損失のため電力エネルギーが燃料電池内部で熱エネルギーに変換され発電効率は40〜50％になる．しかし，発生した熱エネルギーをコジェネレーションシステムで有効利用することで70〜80％もの高い全エネルギー変換効率が得られる．

環境に調和したクリーンなエネルギーを用い水から得られる水素をエネルギー源として燃料電池により発電を行う方法は，ゼロエミッション形社会のエネルギー供給システムの理想像の一つと提唱されている．また，燃料電池には水素以外に一酸化炭素や天然ガスを燃料として使用できるものがあるほか，水素改質装置を併用することで天然ガスやLPG，メタノールも燃料として利用可能となる．このように化

表 8.3 燃料電池の種類と特徴

		高分子電解質形	固体酸化物形	リン酸形	溶融炭酸塩形
	触媒	白金系	不要	白金系	不要
電極	燃料極（マイナス極）	$H_2 \longrightarrow 2H^+ + 2e^-$	$H_2 + O^{2-} \longrightarrow H_2O + 2e^-$	$H_2 \longrightarrow 2H^+ + 2e^-$	$H_2 + CO_3^{2-} \longrightarrow H_2O + CO_2 + 2e^-$
	空気極（プラス極）	$1/2 O_2 + 2H^+ + 2e^- \longrightarrow H_2O$	$1/2 O_2 + 2e^- \longrightarrow O^{2-}$	$1/2 O_2 + 2H^+ + 2e^- \longrightarrow H_2O$	$1/2 O_2 + CO_2 + 2e^- \longrightarrow CO_3^{2-}$
電解質	電解質物質	固体高分子膜（とくにカチオン交換膜）	安定化ジルコニア（$ZrO_2 + Y_2O_3$）	リン酸（H_3PO_4）水溶液	炭酸リチウム（Li_2CO_3）炭酸カリウム（K_2CO_3）
	イオン導電種	H^+	O^{2-}	H^+	CO_3^{2-}
燃料（反応物質）		水素（一酸化炭素含有不可）	水素，一酸化炭素	水素（一酸化炭素含有不可）	水素，一酸化炭素
燃料源		天然ガス，メタノール	石油，天然ガス，メタノール，石炭	天然ガス，ナフサまでの軽質油，メタノール	石油，天然ガス，メタノール，石炭
化石燃料を用いたときの発電システム熱効率		30〜40％	40〜65％	35〜42％	40〜60％
特徴		低温作動，小型携帯・移動体電源に適用可能	貴金属不要，高効率発電	分散型電源（商用化）	貴金属不要，高効率発電

石燃料を用いる場合でも，燃料電池の高いエネルギー変換効率を有効利用することで火力発電に比べCO_2，NOx，SOxなどの排出量の削減が可能となる．

c．燃料電池の種類

燃料電池は使用される電解質の種類によって表8.3に示すように大きく4種類に分類できる．以下に，そのおもなものについて概説する．

(1) 高分子電解質形燃料電池（polymer electrolyte fuel cell；PEFC）

PEFCはプロトンの高い伝導性を示す約20～100 μmの高分子膜を100 μm以下の燃焼極と空気極で挟んで構築されている．非常に小型かつ積層性にすぐれており，80～100℃の低温で作動するため，家庭や乗用車の電源への利用に適している．また，PEFCは単位体積あたりの電気出力が高い利点を有する．燃料極にはPt系触媒が使用されているため，燃料ガス中のCO濃度をリン酸形の場合に比べて低い1～10 ppmに抑える必要がある．実用化に向けて，低コスト電解膜の開発や，長寿命かつCOによる被毒に強い電極触媒の開発が精力的に行われている．

(2) 固体酸化物形燃料電池（solid oxide fuel cell；SOFC）

高温で酸素イオン（O^{2-}）の高い伝導性を示す固体の酸化ジルコニウムを電解質として用いた全固体式の燃料電池である．900～1000℃の高温で作動するため発電反応が容易に進行し，出力密度が大きい利点を有する．運転温度が高いので電池内部でのガス改質が可能で，燃料として水素のほか，一酸化炭素や天然ガスを直接本体に供給することもできる．さらに，高温動作のため白金などの貴金属触媒が不要である．また，高温の排熱を利用しタービン発電を行うことで65％もの高い総合発電効率が得られる．運転温度の低温化によりシステムの低価格化・長寿命化を図ることが今後の課題である．

(3) リン酸形燃料電池（phosphoric acid fuel cel；PAFC）

プロトンの高い伝導性を示すリン酸を電解質として用いるもっとも開発が進んでいる燃料電池であり，50～200 kWを中心としたシステムが実用段階に入っている．運転温度が170～200℃でありシステムがコンパクトなため，コジェネレーションとして熱利用の多い病院や工場への利用が期待されている．PAFCは水素を燃料として作動するが，燃料改質装置を併用し天然ガスやLPG，メタノール燃料から水素を取り出す工夫をして利用することもできる．燃料改質装置のニッケル触媒は硫黄化合物の被毒により劣化するため燃料ガス中の硫黄分を1 ppm以下に押さえる脱硫器が必要となるほか，燃料電池の白金触媒

触媒の被毒
触媒反応が進行する際，反応ガス中の不純物などが触媒反応の活性点に強く吸着すると，反応が阻害される．このような不純物は触媒毒とよばれ，触媒毒により触媒活性が低下することを触媒の被毒という．

の劣化を防ぐため水素中に含まれるCO濃度を1％以下に押さえることも必要となる．

d．燃料電池を用いたコジェネレーションシステム

コジェネレーションとは，発電の際に得られる電力のみでなく，熱をも利用しエネルギーの有効利用を図る方法のことである．大規模な発電所は郊外に設置されており，排出される熱を温水などに有効利用することが困難であるが，リン酸形燃料電池や高分子電解質形燃料電池はシステムが小型であるため工場や住宅の近くに設置でき，分散型のコジェネレーションに適している．分散型のコジェネレーションは発電場所と電力消費場所の距離が短いため送電ロスも少ない．

図8.10に示すように，都市ガスを燃料として家庭用PEFC（発電効率35％，熱利用を含め総合効率80％）を用いた場合，一次エネルギー消費量，CO_2，NO_2排出量が大幅に削減できることがわかる．一般家庭では，排出熱を余らせ無駄にしないよう1kW程度の燃料電池を用い，不足電力分を電力会社からの供給で補う方法が考えられている．試算では，ガス消費が増えるものの電力消費が削減できるので，700Wの家庭用PEFCを用いた場合年間2万円の節約になるとされている．

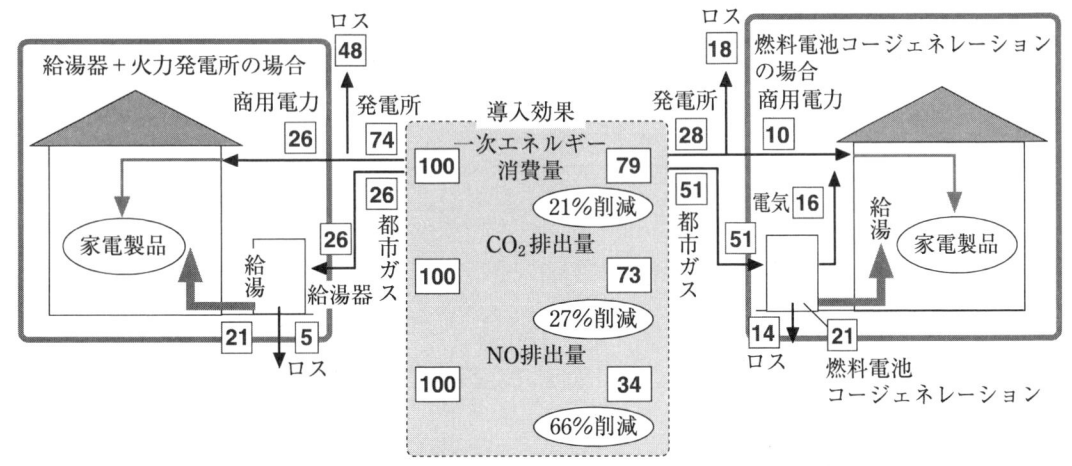

図8.10 家庭用PEFCコージェネレーションの導入効果計算例（東京ガス）
［出典：家庭用燃料電池コージェネレーションの開発動向，**36**, 10, 1999］

8.4　京都議定書：地球温暖化防止への国際的取組み

地球温暖化の抑制には，世界各国が温暖化抑制の技術開発を進めるとともに，政治的にも協調して取り組む必要がある．1992年にブラジルのリオデジャネイロで地球サミットが開催され，155ヶ国が「気候変

動に関する国際連合枠組条約」に署名，1994年に同条約が発効した．同条約は先進国（ロシア・旧東欧諸国を含む）が2000年における温室効果ガス排出量を1990年の水準に削減することを求めるものとなっている．しかし，この条約は温暖化対策の枠組を定めたのみであり，温室効果ガスの排出量の削減義務に対して何ら法的拘束力を持たないものであった．

　上記条約の目的を達成するため，1997年の地球温暖化防止京都会議で「京都議定書」が採択された．京都議定書では，先進各国の温室効果ガス削減量の目標値が定められた（表8.4）．すなわち，先進国などに対し温室効果ガスを2008～2012年の第一約束期間までに一定量削減することを義務づけており，先進国全体で1990年比5.2％の削減を目標としている（日本は1990年比6％）．また，純粋に温室効果ガスの排出量を規制するのみでなく，市場原理を活用し，他国で生まれた削減成果を自国の削減実績とできる「京都メカニズム」とよばれる制度も設けられている．また，後に1990以降の植林などによる二酸化炭素吸収分も削減量として加算できることになった．

　日本の温室効果ガス排出量は年々増加しているために，第一約束期間までには6％より多くの排出量削減が必要となる．環境省は，CO_2排出量の削減の計画ケースとして，CO_2排出量の少ない原子力発電所を2008年までに13基新設した場合（計画ケース1）と，7基新設した

表 8.4　京都議定書における規制対象ガスと数値目標

対象ガス	二酸化炭素，メタン，一酸化炭素，HFC，PFC，SF_6
基　準　年	1990年
目　標　期　間	2008年から2012年
目　　　標	日本：−6％，米国：−7％，EU：−8％．先進国全体で少なくとも−5％を目指す． 途上国に対しては，数値目標などの新たな義務は導入せず．

■京都メカニズム■

　京都メカニズムには以下の3種類がある．
①共同実施（JI）：先進国どうしが共同で排出削減プロジェクトを実施し，実現した削減分をプロジェクトの受入国から投資国側へ移転できる仕組み．
②クリーン開発メカニズム（CDM）：削減義務のある先進国が削減義務のない途上国での排出削減プロジェクトに投資し，実現した削減分を投資国が獲得できる仕組み．
③国際排出権取引（IET）：削減義務のある先進国（附属書(特)国）の間で削減クレジットの移転を行う仕組み．削減目標を達成して余裕がある国は未達成国に排出権を売ることができる．

8.4 京都議定書：地球温暖化防止への国際的取組み

場合（計画ケース2）を想定した．この想定によると，2010年での温室効果ガスの全排出量は1990年に比べ，計画ケース1の場合で5％，計画ケース2で8％増加することになる．しかし，資源・自然エネルギーの有効活用を行うことで，温暖化ガスの排出量は1990年比で計画ケース1の場合4〜13％，計画ケース2の場合1〜10％削減できると予想している．

「京都議定書」の発効要件は，

① 気候変動枠組条約の締約国が55ヶ国以上批准すること，

② 批准した国の1990年におけるCO_2排出量の合計が，締約国の排出量合計の55％以上であること，

の二つである．1990年におけるCO_2排出量に占めるおもな国の割合は，米国（36.1％），EU（24.2％），ロシア（17.4％），日本（8.5％），カナダ（3.3％）などである．CO_2排出量が最大の米国は，中国などの主要な発展途上国に削減目標を課していない議定書が国益を損なうなどとして離脱したため発効が遅れたが，2005年2月16日ロシアの批准を受けて発効した．なお，「京都議定書」の排出量削減目標には法的拘束力があるが，それが遵守されなかった場合の罰則などは決まっておらず，不遵守の措置に法的拘束力をもたせるかどうかの決定は議定書発効後の第1回締約国会合（COP/MOP 1）に先送りされているなど，問題点も残されている．

付録：環境関係の資格リスト

非常に数が多くてすべてをあげることはできないが，化学の知識が役にたつと思われるものを中心に紹介する．

資格名	認定機関	資格内容	参考ホームページ
環境計量士	経済産業省	騒音や振動，有害物質などの計量管理を行い，計量方法の改善や適正な計量の実施を確保するなど，環境に関する計量を専門的に行う．適性計量管理事務所では環境計量士の選任が義務づけられている．	(社)日本計量振興協会 http://www.nikkeishin.or.jp
環境計量士（濃度関係）			
環境計量士（騒音・振動関係）			
公害防止管理者	経済産業省/(社)産業環境管理協会	「特定工場における公害防止組織の整備に関する法律」(昭46法107)に基づき，工場における公害防止体制を整備するため選任される．	(社)産業環境管理協会 http://www.jemai.or.jp
大気関係第1種公害防止管理者 大気関係第2種公害防止管理者 大気関係第3種公害防止管理者 大気関係第4種公害防止管理者		大気関係有害物質発生施設*1で，排出ガス量が4万$m^3 h^{-1}$以上(第1種)あるいは未満(第2種)の工場に設置されるもの．または，大気関係有害物質発生施設以外のばい煙発生施設で，排出ガス量が4万$m^3 h^{-1}$以上(第3種)あるいは未満(第4種)の工場に設置されるもの*2．	
水質関係第1種公害防止管理者 水質関係第2種公害防止管理者 水質関係第3種公害防止管理者 水質関係第4種公害防止管理者		水質関係有害物質発生施設*3で，排出水量が1万$m^3 day^{-1}$以上(第1種)あるいは未満(第2種)，あるいは特定地下浸透水を浸透させている工場(第2種)に設置されるもの．または，水質関係有害物質発生施設以外の汚水等排出施設で，排出水量が1万$m^3 day^{-1}$以上(第3種)あるいは未満(第4種)の工場に設置されるもの*4．	
騒音関係公害防止管理者		機械プレス(呼び加圧能力が980 kN以上のものに限る)，鍛造機(落下部分の重量が1t以上のハンマーに限る)*5．	
特定粉じん関係公害防止管理者		特定粉じん(石綿)発生施設*6．	
一般粉じん関係公害防止管理者		一般粉じん(石綿以外のもの)発生施設*7．	
振動関係公害防止管理者		液圧プレス(矯正プレスを除くものとし，呼び加圧能力が2941 kN以上のものに限る)，機械プレス(呼び加圧能力が980 kN以上のものに限る)，鍛造機(落下部分の重量が1t以上のハンマーに限る)*8．	
公害防止主任管理者		排出ガス量が4万$m^3 h^{-1}$以上，かつ排出水量が1万$m^3 day^{-1}$以上のばい煙発生施設および汚水等排出施設を設置の工場．	
ダイオキシン類関係公害防止管理者		ダイオキシン類発生施設を有する特定工場*9．	

資格名	認定機関	資格内容	参考ホームページ
臭気判定士	環境省/(社)におい・かおり環境協会	改正悪臭防止法(平成8年4月1日施行)による臭気指数規制の導入に伴い創設された国家資格で、臭気指数等の算定を行う.	(社)におい・かおり環境協会 http://www.orea.or.jp
技術士, 技術士補	文部科学省/(社)日本技術士会	科学技術の高度な専門応用能力を必要とする事項について、計画・研究・設計・分析・試験・評価、またはこれらに関する指導業務を行う(技術士補は、技術士となるのに必要な技能を修習するため技術士を補助する). 環境を含む21の技術部門について設けられている.	(社)日本技術士会 http://www.engineer.or.jp
技術士(環境部門)			
特定化学物質等作業主任者	厚生労働省認可の指定教習機関	作業に従事する労働者が特定化学物質[10]等により汚染されないよう、作業の方法を決定し労働者を指揮する. また排気、防じん、排ガス・廃液処理等について所定の期間ごとに点検する.	各都道府県の労働基準局または労働基準監督署, 都道府県労働基準協会
危険物取扱者	各都道府県/(財)消防試験研究センター	定められた種類の危険物について、取扱いと定期点検、保安の監督を行うことができる. 甲種または乙種危険物取扱者が立ち会えば、免状を有していない一般の者も取扱いと定期点検を行うことができる.	(財)消防試験研究センター http://www.shoubo-shiken.or.jp
危険物取扱者(甲種)		第1類～第6類[11]すべての種類の危険物の取扱いと立ち会いが認められる.	
危険物取扱者(乙種)		第1類～第6類のうち免状を取得した類の危険物の取扱いと立ち会いが認められる.	
危険物取扱者(丙種)		ガソリン、灯油、軽油などの指定された危険物のみを取り扱える(立ち会いはできない).	
有機溶剤作業主任者	労働基準局	有機溶剤作業主任者技能講習を修了した者のうちから選任され、有機溶剤を取り扱う業務において汚染防止の指揮・監督を行う.	各都道府県の労働基準局または労働基準監督署, 都道府県労働基準協会
毒物劇物取扱責任者	各都道府県	毒物や劇物を取り扱う事業所で、保健衛生上の危害防止の立場から、毒性の高い化学薬品の扱いを担う. 毒物劇物営業者は、毒物または劇物を直接に取り扱う製造所・営業所・店舗ごとに、専任の毒物劇物取扱責任者を置くことが義務づけられている. 厚生労働省の管轄による国家資格.	各都道府県(薬務課など)
一般毒物劇物取扱責任者		すべての毒劇物についての製造・輸入・販売にかかる取扱責任者になることができる.	
農業用品目毒物劇物取扱責任者		農業用毒劇物[12]についての輸入・販売にかかる取扱責任者になることができる. (製造には「一般」の資格が必要)	
特定品目毒物劇物取扱責任者		特定品目の毒劇物[13]についての輸入・販売にかかる取扱責任者になることができる. (製造については同上)	
内燃機関メタノールのみの取扱いに係る特定品目毒物劇物取扱者		燃料用メタノールについての輸入・販売にかかる取扱責任者になることができる.	

資格名	認定機関	資格内容	参考ホームページ
廃棄物処理施設技術管理者 　ごみ処理施設コース 　し尿・汚泥再生処理施設コース 　破砕・リサイクル施設コース 　産業廃棄物中間処理施設コース 　産業廃棄物焼却施設コース 　最終処分場コース	(財)日本環境衛生センター	ごみ処理施設や産業廃棄物施設・最終処分場などにおいて業務を監督，また施設の維持管理を行う．施設の種類ごとに六つのコースに分かれている．廃棄物処理施設の設置者(管理者)は，施設を適正に維持管理するために技術管理者を置くことが義務づけられている．	(財)日本環境衛生センター http://www.jesc.or.jp
浄化槽管理士	厚生労働省/(財)日本環境整備教育センター	浄化槽の保守点検の業務に従事する．浄化槽法により，浄化槽管理者より委託されて浄化槽の保守点検を実施する者は，浄化槽管理士でなければならないと定められている．	(財)日本環境整備教育センター http://www.jpgreen.or.jp
環境マネジメントシステム審査員 (ISO 14001 環境審査員)	(財)日本適合性認定協会の認定研修機関	ISO 14001 規格に基づき実施される企業等の環境マネジメントシステム評価登録制度において，審査を担当する．中立的な第三者(機関)による審査・評価を経て登録される．業務・審査経験等により「審査員補」「審査員」「主任審査員」の3区分に分けられる．	(社)産業環境管理協会 http://www.jemai.or.jp
環境カウンセラー† 　環境カウンセラー(事業者部門) 　環境カウンセラー(市民部門)	環境省/(財)日本環境協会	専門的知識や経験に基づき，市民やNGO，事業者等の環境保全活動に対する助言などを行う．環境省の行う審査を経て登録される．事業者を対象とした環境カウンセリングを行う「事業者部門」と，市民や市民団体を対象とした「市民部門」に区分される．	環境省の紹介HP http://www.env.go.jp/policy/counsel/index.html
環境サイトアセッサー†	(社)産業環境管理協会	土壌汚染・水質汚染について専門知識をもち，用地に関する環境アセスメントを行う．また，リスクマネジメントに基づくリスクコミュニケーションへも対応する．	(社)産業環境管理協会 http://www.jemai.or.jp
樹木医†	(財)日本緑化センター	樹木の診断や治療，後継樹の育成や樹木の保護に関する知識の普及と指導を行う．	(財)日本緑化センター http://www.jpgreen.or.jp

(注)　†の付されたものは国家資格ではない．

＊1：大気汚染防止法施行令第二条，および別表第一参照(http://law.e-gov.go.jp/htmldata/S43/S43SE329.html)．

＊2：大気関係有害物質発生施設が設置されていない工場で，排出ガス量が1万 $m^3 h^{-1}$ 未満のものは法の対象にならない．

＊3：特定工場における公害防止組織の整備に関する法律施行令第三条および別表第一参照(http://law.e-gov.go.jp/htmldata/S46/S46SE264.html)．

＊4：水質関係有害物質発生施設が設置されていない工場で，排出ガス量が1千 $m^3 day^{-1}$ 未満のものは法の対象にならない．

＊5：騒音規制法第三条第一項の規定(http://law.e-gov.go.jp/htmldata/S43/S43HO098.html)により指定された地域内の工場に設置されているものに限る．

＊6：大気汚染防止法施行令第三条の二，および別表第二の二参照(http://law.e-gov.go.jp/htmldata/S43/S43SE329.html.)．
＊7：大気汚染防止法施行令第三条，および別表第二参照(http://law.e-gov.go.jp/htmldata/S43/S43 SE329.html.)．
＊8：振動規制法第三条第一項の規定(http://law.e-gov.go.jp/htmldata/S51/S51HO064.html)により指定された地域内の工場に設置されているものに限る．
＊9：詳細については産業環境管理協会のWebページ http://www.jemai.or.jp/japanese/qualification/polconman/outline.cfm 参照．
＊10：労働安全衛生法施行令別表三参照(http://wwwhourei.mhlw.go.jp/hourei/html/hourei/contents.html から検索可能)．
＊11：消防法別表第一参照(http://law.e-gov.go.jp/htmldata/S23/S23HO186.html)．
＊12：毒物劇物取扱法施行規則別表第一参照(http://wwwhourei.mhlw.go.jp/hourei/html/hourei/contents.html から検索可能)．
＊13：毒物劇物取扱法施行規則別表第二参照(http://wwwhourei.mhlw.go.jp/hourei/html/hourei/contents.html から検索可能)．

索　引

A～Z

ADI ⇒ 1日許容摂取量
　　50, 59, 69
BCF ⇒ 生物濃縮係数　61
BI ⇒ 生物指数　52
BOD ⇒ 生物化学的酸素要求量
　　25
CFC ⇒ クロロフルオロカーボン
　　4, 10
ClOx サイクル　3
CNP　37
COD ⇒ 化学的酸素要求量　25
EC$_{50}$ ⇒ 半数影響濃度　62
EPT ⇒ エネルギーペイバックタ
　　イム　124
E ファクター　88
GHS　75
GLP ⇒ 優良試験所規範　78
HOx サイクル　4
IFCS　75
IPM ⇒ 総合的有害生物管理　51
LASC ⇒ ルイス酸-界面活性剤一
　　体型触媒　93
LC$_{50}$ ⇒ 半数致死濃度　62
MSDS ⇒ 化学物質安全性データ
　　シート　75, 81
NMHCs ⇒ 非メタン炭化水素
　　15
NOx　15
NOx サイクル　4
NO ⇒ 一酸化窒素　4
NOEC ⇒ 最大無作用量　50, 59, 78
OECD ⇒ 経済協力開発機構
　　57, 72
PBST　113
PCB ⇒ ポリ塩化ビフェニル　38
PET ⇒ ポリエチレンテレフタ
　　レート　107
PIC 制度 ⇒ 事前通報承認制度
　　77
POPs ⇒ 残留性有機汚染物質
　　77
PRTR 制度 ⇒ 汚染物質排出移動
　　登録制度　75, 84
PSC ⇒ 極域成層圏雲　5
RDF ⇒ 固形燃料　111
REST　113
SS ⇒ 懸濁物質　25
TDI ⇒ 1日耐容摂取量　60, 64
toe ⇒ 石油換算トン　118
VSD ⇒ 実質安全量　60, 78
VSD ⇒ 実質安全量　78

あ　行

亜酸化窒素　10
アジェンダ 21　73, 74
足尾銅山　37
アセスメント係数　67
アトム・エコノミー　88
アモルファスシリコン太陽電池
　　123

イソプレン　16
一次エネルギー　117
1 日許容摂取量（ADI）
　　50, 59, 67
1 日耐容摂取量（TDI）　60, 64
一酸化窒素（NO）　4, 14
一発処理剤　47
一般廃棄物　101
遺伝子組換え作物　47

埋立処分　102

エアロゾル　18
疫　学　59
エコ効率評価　114
エチレン　31
n 形半導体　122
エネルギー回収　111
エネルギー資源埋蔵量　118
エネルギーと社会　116
エネルギーペイバックタイム
　　（EPT）　124
エルニーニョ現象　34
塩　害　31
塩類集積　40

汚染物質排出移動登録制度
　　（PRTR 制度）　75, 84
オゾン　2, 12
オゾン処理　29
オゾン層　1
オゾン破壊サイクル　4
オゾンホール　5
オンサイト（分散型）　121
温室効果　9, 32
温室効果気体　9

か　行

外因性内分泌攪乱化学物質　64
海水淡水化　24
化学物質安全性データシート
　　（MSDS）　81
化学事故の防止　99
化学的酸素要求量（COD）　25
化学反応の設計　91
化学物質安全性データシート
　　（MSDS）　75
化学物質管理促進法　83
化学物質審査規制法　71, 72, 81
化学物質総合管理　70, 77
化学物質の取扱いに関する法律
　　71
化学量論量　90
化合物系太陽電池　123
ガス化溶融炉　111
化石エネルギー　117
河　川　30

索　引

可塑剤　66
活性汚泥処理池　28
活性炭吸着　29
家電リサイクル法　103
カドミウム　36
　　——とコメ　37
環境関係の資格　136
環境内運命　61
環境分析　52,61
環境ホルモン　64
乾性沈着　18
間接水　23
乾燥断熱減率　1

棄却検定　54
気候モデル　34
既存化学物質　83
揮発性有機物（VOC）　15
求核剤　90
急性毒性　49
京都議定書　133,134
極域成層圏雲（PSC）　5
極　渦　5

クリーンエネルギー　120
グリーンケミストリー　85
　　——の12原則　87
グリーン購入法　103
クロロフルオロカーボン　4,10
燻蒸剤　44

経済協力開発機構（OECD）　57,72
劇　物　49
下水処理　28
ケミカルリサイクル　108
原位置処理法　39
嫌気性微生物　26
原子力エネルギー　119
建設資材リサイクル法　103
懸濁物質（SS）　25
原料リサイクル　108

高温岩体発電　126
光化学オキシダント　12
好気性微生物　26
合成洗剤　30
高分子電解質形燃料電池　131,132

国際排出権取引　134
黒体放射　8
固形燃料（RDF）　111
コジェネレーション　119,133
湖　沼　29
固体酸化物形燃料電池　131,132
コプラナーPCB　63
コンパートメント　61

さ　行

再結晶　94
最終沈殿池　28
最初沈殿池　28
最大無作用量（NOEC）　50,59,78
材料（マテリアル）リサイクル　107
殺菌剤　45
殺虫剤　44
サーマルリサイクル　111
産業廃棄物　101
酸性雨　18
残留性有機汚染物質（POPs）　77

紫外線　2
色素増感太陽電池　124
資源有効利用促進法　103
事前審査制度　71,72
事前通報承認制度（PIC制度）　77
実質安全量（VSD）　60,78
湿潤断熱減率　1
湿性沈着　18
湿　地　30
自動車排ガス　15
自動車リサイクル法　103
施肥基準　42
臭化メチル　45
重金属汚染　36
収　率　88
循環型社会形成推進基本法　103
循環型社会形成のための法体系　103
純酸素モデル　3
硝酸性窒素汚染　31,42
蒸　留　94
触　媒　89,98
触媒回転率　98

食品リサイクル法　103
食糧輸入と環境　39
除草剤　43,46
シリコン　121
人口処理　88
真　度　54
真度の評価　55
水圏環境　20
水質環境の基準　25
水質関係の環境基準　56
水素エネルギー　128
垂直軸型風車　125
水平軸型風車　125
水力エネルギー　126
ストックホルム条約　77

正　孔　121
成層圏　1
成層圏オゾン　1
生態毒性試験　62
精　度　54
生物化学的酸素要求量（BOD）　25
生物圏の環境　52
生物指数（BI）　52
生物濃縮　35
生物濃縮係数（BCF）　61
生物膜活性炭　29
生物モニタリング　52
生分解性プラスチック　113
石　炭　119
石炭ガス化複合サイクル発電　120
石油換算トン　118
セメントキルン　111
セレン集積植物　38
浅部熱水発電　126

総合的有害生物管理（IPM）　51

た　行

第1種特定化学物質　82
ダイオキシン類　38,63
　　——の環境基準　64
ダイオキシン類対策特別措置法　64
大気環境問題　1
大気関係の環境基準　56

索引

大気の構造　1
代替フロン　6
体内負荷量　64
第2種特定化学物質　82
太陽エネルギー　120
太陽光エネルギー　121
太陽電池　121
　——の種類　123
　——の発電コスト　123
対流圏　1
対流圏オゾン　10,12
タキソール　95
多結晶シリコン太陽電池　123
脱離反応　91
ターミネーション　4
単結晶シリコン太陽電池　123

地下水　31
置換反応　90
地球温暖化　8,32,133
　——の影響　33
窒素循環　39
窒素飽和　42
地熱エネルギー　126
地盤沈下　31
中間処理　102
沈砂池　28

テストガイドライン　57,62,78
転位反応　90
天然ガス　119

銅　37
動物実験　59
毒性試験　57,58
毒性当量　64
毒　物　49
特別栽培農産物　47
土壌汚染対策法　36
土壌汚染防止法　36
土壌圏の環境　35
土壌処理剤　37
土壌侵食　40
土壌培養法　39
トリクロロエチレン　31
トリハロメタン　29
トリブチルスズ化合物　65

な 行

内圏錯体　36
内分泌撹乱化学物質　64
ナフサ　112

二酸化炭素　9
二酸化炭素濃度の変遷　9
二酸化炭素濃度の予測　10
二酸化チタン　124
二次エネルギー　117

熱可塑性樹脂　106
熱硬化性樹脂　106
燃料改質　129
燃料電池　128
　——の種類　131,132
　——の理論効率　131

農　薬　37,43
　——の経済効果　43
　——のリスク管理　51

は 行

バイア宣言　74
バイオマス　96
バイオマスエネルギー　127
バイオレメディエーション　38
廃棄物　101
廃棄物処理法　103
廃棄物発電　112,127
バイナリー発電　126
廃プラスチック　104
暴露解析　79
ハザード評価　78
発がん性　59
発電効率　112
半数影響濃度（EC_{50}）　62
半数致死濃度（LC_{50}）　62
半導体　122
バンドギャップ　122
反応補助物質　92

p形半導体　122
ビスフェノールA　65
微生物農薬　47
微生物膜　29

非選択性除草剤　47
ヒ　素　37
被　毒　132
非メタン炭化水素（NMHCs）　15
非有機溶媒系媒体　94
標準試料　54
標準物質　54
肥　料　40
琵琶湖　30

ファイトレメディエーション　38
風力エネルギー　125
富栄養化　30
フェルミ準位　122
フェロモン　48
付加反応　89
腐　植　36
フミン質　29
プラスチック廃棄物　104
　——のガス化　108
　——の高炉原料化　109
　——のコークス炉原料化　110
　——のモノマー化　110
　——の油化　109
　——のリサイクル技術　106
フロンガス　4,10
分散型（オンサイト）　121

n-ヘキサン抽出物　25
ヘドロ　26

保護基　96
ポリエチレンテレフタレート（PET）　107
ポリ塩化ビフェニル（PCB）　38
ポリ乳酸　113

ま 行

マイクロチャネルリアクター　97
マテリアルリサイクル　107
慢性毒性　50

水資源　20
水の大循環　20

水の自然浄化現象　26
水の浄化技術　27

無登録農薬問題　50
無リン洗剤　30

メタン　10,26
メタンハイドレート　119
メトヘモグロビン血症　42

目的物質の設計　92
モントリオール議定書　6

や 行

有機溶媒　92
優良試験所規範（GLP）　78

容器包装リサイクル法　103
溶融炭酸塩形燃料電池　131

ら 行

リサイクル　101
リスクアセスメント　65
リスク管理　79
リスク原則　77

リスク評価　77
硫化水素　26
輪　作　41
リン酸塩　30
リン酸形燃料電池　130,131,132

ルイス酸-界面活性剤一体型触媒
　（LASC）　93

レギュラトリー・サイエンス　82
レメディエーション　38

ローザムステッド　40
ロッテルダム条約　77

[memo]

[memo]

[memo]

編者略歴

村橋俊一（むらはし・しゅんいち）

1937年　大阪府に生まれる
1963年　大阪大学大学院工学研究科
　　　　修士課程修了
1979年　大阪大学教授
現　在　岡山理科大学客員教授，大阪大学名誉教授・工学博士

御園生 誠（みそのう・まこと）

1939年　鹿児島県に生まれる
1966年　東京大学大学院工学系研究科
　　　　博士課程修了
1983年　東京大学教授
現　在　工学院大学教授をへて独立行政法人製品評価技術基盤機構理事長，東京大学名誉教授・工学博士

役にたつ化学シリーズ 9
地球環境の化学

定価はカバーに表示

2006年2月20日　初版第1刷

編　者	村　橋　俊　一
	御　園　生　　誠
発行者	朝　倉　邦　造
発行所	株式会社 朝倉書店

東京都新宿区新小川町 6-29
郵便番号　1 6 2 - 8 7 0 7
電　話 03 (3260) 0141
FAX 03 (3260) 0180
http://www.asakura.co.jp

〈検印省略〉

© 2006 〈無断複写・転載を禁ず〉

中央印刷・渡辺製本

ISBN 4-254-25599-3　C 3358

Printed in Japan

理科大 樽谷 修編	地球環境の問題全般を学際的・総合的にとらえ、身近な話題からグローバルな問題まで、ごくわかりやすく解説。教養教育・専門基礎教育にも最適。〔内容〕地球の歴史と環境変化／環境と生物／気象・大気／資源／エネルギー／産業・文明と環境
地 球 環 境 科 学	
16031-3 C3044　　B 5 判 184頁 本体4000円	
環境情報科学センター編	環境科学の今日的課題約70項目を、一項目見開き 2 頁に収めつつ重点的に解説した図説事典。〔内容〕地域環境（環境汚染，自然保護，環境評価，環境管理）／地球環境（環境変化，地球管理計画）／環境情報（環境調査，情報システム）
図 説 環 境 科 学	
16027-5 C3044　　B 5 判 180頁 本体5200円	
九大 真木太一著	気象と環境問題をバランスよく解説した参考書。大気の特徴や放射・熱収支、熱力学、降水現象、都市気候などを述べた後、異常気象、温暖化、大気汚染、オゾン層の破壊、エルニーニョ、酸性雨、砂漠化、森林破壊などを図を用いて詳しく解説。
大 気 環 境 学	
18006-3 C3040　　B 5 判 148頁 本体3900円	
前建設技術研究所 中澤弌仁著	地球資源としての水を世界的視野で総合的に解説〔内容〕地球の水／水利用とその進展／河川の水利秩序と渇水／水資源開発の手段／河川の水資源開発の特性／水資源開発の計画と管理／利水安全度／海外の水資源開発／水資源開発の将来
水 資 源 の 科 学	
26008-3 C3051　　A 5 判 168頁 本体3800円	
前日大 松井　健・農工大 岡崎正規編著	土壌がもつ多くの機能を他のものでは代替できない人間環境の面から捉えた全く新しい考え方のテキスト。〔内容〕土壌学と環境土壌学／人間と土壌／地形・地質と土壌／都市と土壌／土壌と汚染／地球規模の環境破壊と土壌／土壌環境の保全管理
環 境 土 壌 学	
―人間の環境としての土壌学―	
10119-8 C3040　　A 5 判 272頁 本体4800円	
四日市大 小川　束著	公害防止管理者試験・水質編では、BODに関する計算問題が出題されるが、これは簡単な微分方程式を解く問題である。この種の例題を随所に挿入した"数学苦手"のための環境数学入門書〔内容〕指数関数／対数関数／微分／積分／微分方程式
環 境 の た め の 数 学	
18020-9 C3040　　A 5 判 164頁 本体2900円	
前東大 不破敬一郎・国立環境研 森田昌敏編著	1997年の地球温暖化に関する京都議定書の採択など、地球環境問題は21世紀の大きな課題となっており、環境ホルモンも注視されている。本書は現状と課題を包括的に解説。〔内容〕序論／地球環境問題／地球／資源・食糧・人類／地球の温暖化／オゾン層の破壊／酸性雨／海洋とその汚染／熱帯林の減少／生物多様性の減少／砂漠化／有害廃棄物の越境移動／開発途上国の環境問題／化学物質の管理／その他の環境問題／地球環境モニタリング／年表／国際・国内関係団体および国際条約
地球環境ハンドブック（第 2 版）	
18007-1 C3040　　A 5 判 1152頁 本体35000円	
日本環境毒性学会編	化学物質が生態系に及ぼす影響を評価するため用いる各種生物試験について、生物の入手・飼育法や試験法および評価法を解説。OECD準拠試験のみならず、国内の生物種を用いた独自の試験法も数多く掲載。〔内容〕序論／バクテリア／藻類・ウキクサ・陸上植物／動物プランクトン（ワムシ，ミジンコ）／各種無脊椎動物（ヌカエビ，ユスリカ，カゲロウ，イトトンボ，ホタル，二枚貝，ミミズなど）／魚類（メダカ，グッピー，ニジマス）／カエル／ウズラ／試験データの取扱い／付録
生態影響試験ハンドブック	
―化学物質の環境リスク評価―	
18012-8 C3040　　B 5 判 368頁 本体16000円	
産総研 中西準子・産総研 蒲生昌志・産総研 岸本充生・産総研 宮本健一編	今日の自然と人間社会がさらされている環境リスクをいかにして発見し、測定し、管理するか――多様なアプローチから最新の手法を用いて解説。〔内容〕人の健康影響／野生生物の異変／PRTR／発生源を見つける／*in vivo*試験／QSAR／環境中濃度評価／曝露量評価／疫学調査／動物試験／発ガンリスク／健康影響指標／生態リスク評価／不確実性／等リスク原則／費用効果分析／自動車排ガス対策／ダイオキシン対策／経済的インセンティブ／環境会計／LCA／政策評価／他
環境リスクマネジメントハンドブック	
18014-4 C3040　　A 5 判 596頁 本体18000円	

丸山一典・西野純一・天野 力・松原 浩・山田明文・小林高臣著 ニューテック・化学シリーズ **化学の扉** 14611-6 C3343　　B5判 152頁 本体2600円		文系・理工系の学部1年生を対象にした一般化学の教科書。多くの注釈を設け読者に配慮。〔内容〕物質を細かく切り刻んでいくと／化学で使う全世界共通の言葉（単位，化合物とその名前）／物質の状態／物質の化学反応／化学反応とエネルギー
中川邦明・伊津野真一・西宮伸幸・井手本康・松澤秀則著 科学技術入門シリーズ5 **化学のことば** 20505-8 C3350　　A5判 180頁 本体2700円		化学の基礎を理解・習得できるよう，学部学生，高専生のためにわかりやすく，やさしくまとめた一般化学の教科書。〔内容〕化学の見方／原子／分子／気体，液体，固体と状態変化／溶体／相平衡／熱化学／化学平衡／電気科学／計算機化学／他
片岡 寛・見目洋子・中村友保・山本恭裕著 基本化学シリーズ11 **産業社会の進展と化学** 14601-9 C3343　　A5判 168頁 本体2800円		化学技術の変化・発展を産業の進展の中で解説したテキスト。〔内容〕序：化学の進歩と産業／産業の変化と化学／化学産業と化学技術／社会生活を支える化学技術／環境の調和と新エネルギー／新しい産業社会を拓く化学
山本 宏・角替敏昭・滝沢靖臣・長谷川正・我謝孟俊・伊藤 孝・芥川允元著 基本化学シリーズ13 **物質科学入門** 14603-5 C3343　　A5判 148頁 本体3200円		物質のミクロ・マクロな面を科学的に解説。〔内容〕小さな原子・分子から成り立つ物質（物質の構成；変化；水溶液とイオン；身の回りの物質）／有限な世界「地球」の物質（化学進化；地球を構成する物質；地球をめぐる物質；物質と地球環境），他

◆ 応用化学シリーズ〈全8巻〉 ◆
学部2～4年生のための平易なテキスト

横国大 太田健一郎・山形大 仁科辰夫・北大 佐々木健・岡山大 三宅通博・前千葉大 佐々木義典著 応用化学シリーズ1 **無機工業化学** 25581-0 C3358　　A5判 224頁 本体3500円		理工系の基礎科目を履修した学生のための教科書として，また一般技術者の手引書として，エネルギー，環境，資源問題に配慮し丁寧に解説。〔内容〕酸アルカリ工業／電気化学とその工業／金属工業化学／無機合成／窯業と伝統セラミックス
山形大 多賀谷英幸・秋田大 進藤隆世志・東北大 大塚康夫・日大 玉井康文・山形大 門川淳一著 応用化学シリーズ2 **有機資源化学** 25582-9 C3358　　A5判 164頁 本体2800円		エネルギーや素材等として不可欠な有機炭素資源について，その利用・変換を中心に環境問題に配慮して解説。〔内容〕有機化学工業／石油資源化学／石炭資源化学／天然ガス資源化学／バイオマス資源化学／廃炭素資源化学／資源とエネルギー
千葉大 山岡亜夫編著 応用化学シリーズ3 **高分子工業化学** 25583-7 C3358　　A5判 176頁 本体2800円		上田充・安中雅彦・鴇田昌之・高原茂・岡野光夫・菊池明彦・松方美樹・鈴木淳史著。21世紀の高分子の化学工業に対応し，基礎的事項から高機能材料まで環境的側面にも配慮して解説した教科書。
慶大 柘植秀樹・横国大 上ノ山周・群馬大 佐藤正之・農工大 国眼孝雄・千葉大 佐藤智司著 応用化学シリーズ4 **化学工学の基礎** 25584-5 C3358　　A5判 216頁 本体3400円		初めて化学工学を学ぶ読者のために，やさしく，わかりやすく解説した教科書。〔内容〕化学工学の基礎（単位系，物質およびエネルギー収支，他）／流体輸送と流動／熱移動（伝熱）／物質分離（蒸留，膜分離など）／反応工学／付録（単位換算表，他）
掛川一幸・山村 博・植松敬三・守吉祐介・門間英毅・松田元秀著 応用化学シリーズ5 **機能性セラミックス化学** 25585-3 C3358　　A5判 240頁 本体3800円		基礎から応用まで図を豊富に用いて，目で見てもわかりやすいよう解説した。〔内容〕セラミックス概要／セラミックスの構造／セラミックスの合成／プロセス技術／セラミックスにおけるプロセスの理論／セラミックスの理論と応用
千葉大 上松敬禧・筑波大 中村潤児・神奈川大 内藤周弌・埼玉大 三浦 弘・理科大 工藤昭彦著 応用化学シリーズ6 **触媒化学** 25586-1 C3358　　A5判 184頁 本体3000円		初学者が触媒の本質を理解できるよう，平易に分かりやすく解説。〔内容〕触媒の歴史と役割／固体触媒の表面／触媒反応の素過程と反応速度論／触媒反応機構／触媒反応場の構造と物性／触媒の調整と機能評価／環境・エネルギー関連触媒／他
慶大 美浦 隆・神奈川大 佐藤祐一・横国大 神谷信行・小山高専 奥山 優・甲南大 縄舟秀美・理科大 湯浅 真著 応用化学シリーズ7 **電気化学の基礎と応用** 25587-X C3358　　A5判 180頁 本体2900円		電気化学の基礎をしっかり説明し，それから応用面に進めるよう配慮して編集した。身近な例から新しい技術まで解説。〔内容〕電気化学の基礎／電池／電解／金属の腐食／電気化学を基礎とする表面処理／生物電気化学と化学センサ

前東農大 増島　博・東農大 藤井國博・
千葉県農業総合研究センター 松丸恒夫著
環　境　化　学　概　論
40012-8 C3061　　　　A5判 216頁 本体3800円

後世代に対してその生存環境を保証する化学的条件を明確にする目的で編まれた生物系学部学生の教科書。〔内容〕地球環境と生物の生い立ち／物質循環／地球環境問題の化学／水圏環境の化学／有害物質による環境汚染／環境放射線／環境管理

前京大 廣田　襄・京大 梶本興亜編著
現 代 化 学 へ の 招 待
14058-4 C3043　　　　A5判 228頁 本体3400円

21世紀の化学の世界に進む読者がその全体像をつかむため京大のリレー講義をもとに再構成した意欲的指針書。〔内容〕化学とは何か／化学と量子論／光で探る分子の挙動／生命を分子の働きとしてみる／地球温暖化と化学／20世紀の化学と今後

◆ 役にたつ化学シリーズ〈全9巻〉◆
基本をしっかりおさえ，社会のニーズを意識した大学ジュニア向けの教科書

安保正一・山本嶺三編著　川崎昌博・玉置　純・
山下弘巳・桑畑　進・古南　博著
役にたつ化学シリーズ1
集 合 系 の 物 理 化 学
25591-8 C3358　　　　B5判 160頁 本体2800円

エントロピーやエンタルピーの概念，分子集合系の熱力学や化学反応と化学平衡の考え方などをやさしく解説した教科書。〔内容〕量子化エネルギー準位と統計力学／自由エネルギーと化学平衡／化学反応の機構と速度／吸着現象と触媒反応／他

太田清久・酒井忠雄編著　中原武利・増原　宏・
寺岡靖剛・田中庸裕・今堀　博・石原達己他著
役にたつ化学シリーズ4
分　析　化　学
25594-2 C3358　　　　B5判 208頁 本体3400円

材料科学，環境問題の解決に不可欠な分析化学を正しく，深く理解できるように解説。〔内容〕分析化学と社会の関わり／分析化学の基礎／簡易環境分析化学法／機器分析法／最新の材料分析法／これからの環境分析化学／精確な分析を行うために

吉田潤一・水野一彦編著　石井康敬・大島　巧・
太田哲男・垣内喜三・勝村雅雄・瀬恒潤一郎他著
役にたつ化学シリーズ5
有　機　化　学
25595-0 C3358　　　　B5判 184頁 本体2700円

基礎から平易に解説し，理解を助けるよう例題，演習問題を豊富に掲載。〔内容〕有機化学と共有結合／炭化水素／有機化合物のかたち／ハロアルカンの反応／アルコールとエーテルの反応／カルボニル化合物の反応／カルボン酸／芳香族化合物

戸嶋直樹・馬場章夫編著　東尾保彦・芝田育也・
圓藤紀代司・武田徳司・内藤猛章・宮田興子著
役に立つ化学シリーズ6
有 機 工 業 化 学
25596-9 C3358　　　　B5判 196頁 本体3300円

人間社会と深い関わりのある有機工業化学の中から，普段の生活で身近に感じているものに焦点を絞って説明。石油工業化学，高分子工業化学，生活環境化学，バイオ関連工業化学について，歴史，現在の製品の化学やエンジニヤリングを解説

戸嶋直樹・宮田幹二編著　高原　淳・宍戸昌彦・
中條善樹・大石　勉・隅田泰生・原田　明他著
役にたつ化学シリーズ7
高　分　子　化　学
25597-7 C3358　　　　B5判 212頁 本体3800円

原子や簡単な分子から説き起こし，高分子の創造・集合・変化の過程をわかりやすく解説した学部学生のための教科書。〔内容〕宇宙史の中の高分子／高分子の概念／有機合成高分子／生体高分子／無機高分子／機能性高分子／これからの高分子

古崎新太郎・石川治男編著　田門　肇・大嶋　寛・
後藤雅宏・今駒博信・井上義朗・奥山喜久夫他著
役にたつ化学シリーズ8
化　学　工　学
25598-5 C3358　　　　B5判 216頁 本体3400円

化学工学の基礎について，工学系・農学系・医学系の初学者向けにわかりやすく解説した教科書。〔内容〕化学工学とその基礎／化学反応操作／分離操作／流体の運動と移動現象／粉粒体操作／エネルギーの流れ／プロセスシステムほか。

神奈川大 松本正勝・神奈川大 横澤　勉・
お茶の水大 山田眞二著
21世紀の化学シリーズ2
有 機 化 学 反 応
14652-3 C3343　　　　B5判 208頁 本体3600円

有機化学を動的にわかりやすく解説した教科書。〔内容〕化学結合と有機化合物の構造／酸と塩基／反応速度と反応機構／脂肪族不・飽和化合物の反応／芳香族化合物の反応／カルボニル化合物の反応／ペリ環状反応とフロンティア電子理論他

慶大 太田博道・東北大 古山種俊編著
東北大 佐上　博・広島大 平田敏文著
21世紀の化学シリーズ4
生　命　化　学
14654-X C3343　　　　B5判 160頁 本体3000円

生命化学の基礎から応用まで，身近な話題を取り上げながら，ていねいにわかりやすく解説した教科書。〔内容〕生体反応の巧みなからくり／遺伝子と酵素／生体分子の化学／代謝反応と生化学／天然の生理活性物質／合成化合物の酵素による変換

酒井清孝編著　望月精一・松本健志・谷下一夫・
石黒　博・氏平政伸・吉見靖男・小堀　深著
21世紀の化学シリーズ14
化　学　工　学
14664-7 C3343　　　　B5判 212頁 本体3600円

化学工学の基本現象である流動・熱移動・物質移動・化学反応について，身近な実例を通して基礎概念を理解できるようわかりやすく解説。〔内容〕化学工学入門／流れ／熱の移動／物質の移動／化学反応工学／物質移動を伴う化学反応工学

上記価格（税別）は2006年1月現在